U0339104

THE ALCHEMIST'S KITCHEN

Extraordinary Potions & Curious Notions

炼金师的厨房

THE BEAUTY OF SCIENCE 科学之美

［英］盖伊·欧吉维————著　贺俊杰　周石平————译

CTS K 湖南科学技术出版社·长沙

图书在版编目（ＣＩＰ）数据

炼金师的厨房 ／（英）盖伊·欧吉维著 ；贺俊杰，周石平译. — 长沙 ：湖南科学技术出版社，2024.5（科学之美）
ISBN 978-7-5710-2837-4

Ⅰ．①炼… Ⅱ．①盖… ②贺… ③周… Ⅲ．①化学—研究 Ⅳ．①06

中国国家版本馆 CIP 数据核字(2024)第 076145 号

湖南科学技术出版社获得本书中文简体版中国独家出版发行权。
著作权登记号：18-2007-099

LIANJINSHI DE CHUFANG
炼金师的厨房

著　　者：[英] 盖伊·欧吉维
译　　者：贺俊杰　周石平
出 版 人：潘晓山
责任编辑：刘 英　李 媛
版式设计：王语瑶
出版发行：湖南科学技术出版社
社　　址：长沙市芙蓉中路一段 416 号泊富国际金融中心
网　　址：http://www.hnstp.com
湖南科学技术出版社天猫旗舰店网址：
　　　　　http://hnkjcbs.tmall.com
邮购联系：0731-84375808
印　　刷：湖南省众鑫印务有限公司
　　　　　（印装质量问题请直接与本厂联系）
厂　　址：长沙县榔梨街道梨江大道 20 号
邮　　编：410100
版　　次：2024 年 5 月第 1 版
印　　次：2024 年 5 月第 1 次印刷
开　　本：889mm×1290mm　1/32
印　　张：2.25
字　　数：120 千字
书　　号：ISBN 978-7-5710-2837-4
定　　价：45.00 元

THE
ALCHEMIST'S
KITCHEN

EXTRAORDINARY POTIONS
& CURIOUS NOTIONS

Guy Ogilvy

Walker & Company
New York

WOODEN
BOOKS

Published by
Walker Publishing Company, Inc., New York
Distributed to the trade by
Holtzbrinck Publishers

Printed on recycled paper.

Library of Congress Cataloging-in-Publication Data
has been applied for.

ISBN-10: 0-8027-1540-0
ISBN-13: 978-0-8027-1540-1

Visit Walker & Company's Web site
at www.walkerbooks.com

First U.S. edition 2006

1 3 5 7 9 10 8 6 4 2

Designed and typeset by
Wooden Books Ltd, Glastonbury, UK

Printed in the United States of America

谨以此书献给 Sidi lbrahimIzz al-Din 和 Acharya Manfred Junius，由衷感谢他们的全心参与。

对于那些寻求探索炼金术的人来说，提图斯·伯克哈特（Titus Burckhardt）的《炼金术：宇宙学 & 灵魂学》和曼弗雷德·米尤尼斯（Manfred M.Junius）的《植物炼金术实用手册》是不可或缺的指南。

另外，亚历山大·冯·伯纳斯（Alexander von Bernus）的《炼金术》，布莱恩·科诺瓦（Brian Cotnoir）的《魏瑟炼金术简明指南》，米尔卡·伊利亚德（MirceaEliade）的《熔炉和地竭》，罗拉·斯坦尼斯拉斯·克洛索夫斯基 De Rola）的《黄金游戏》（可以得到炼金术徽章），以及亚当·麦克林（Adam McLean）经营的炼金术网站（levity.com/Alchemy）（里面包括炼金术的大部分内容，包括本书中的大部分图像）也被高度推荐。

对于那些受到凯文·M. 邓恩（Kevin M.Dunn）的《卡曼化学》实用附录（CaemanChemistry）和罗伯特·梅西（Robert Massey）的《画家公式》（Formulas For Painters）启发的人来说，这两本书都是很好的书。非常感谢能够访问弗朗西斯·梅尔维尔爵士（Sir Francis Melville）的图书馆，感谢道顿·萨顿（Daud Sutton）和约翰·马蒂诺（John Martineau）两位编辑的协助，感谢维多利亚（Victoria）。

注意：炼金术非常危险，爆炸和中毒常有发生。

本书中描述的一些程序在某些司法领域可能是非法的；执行这些操作的风险由您自己承担。

目录
CONTENTS

三倍大神赫耳墨斯的《翠玉录》

　　这是真理，没有丝毫的虚假，是确凿之最确凿的真理。要造出"唯一之物"的奇迹，须明白，那上界之物与下界之物相同，而下界之物也与上界之物无异。

　　那唯一的"造物主"创造了万物，所以万物皆诞生于这同一之源。

　　太阳是它（唯一之物）的父亲，月亮是母亲。

　　它在风的子宫里孕育，大地的乳房滋养了它。

　　它是世界上所有奇迹之父，它有全能的力量。

　　把它撒在泥土里，它能将泥土从火中隔离，

　　也能让精妙之物从粗物中呈现出来。

　　它能从地面飞升到天空，然后，它还能再降落到地面，积聚上界和下界的所有力量。

　　由此你将获得全世界最卓绝的荣光，所有的阴暗都将从你身边消散。

　　这是强大力量中的最强者，它能超越所有的精妙之物，也能渗入所有坚固之体。宇宙就是这样被创造出来。按照这一过程，从这"唯一之物"中产生了众多非凡的变化。我之所以被称为三重伟大的赫耳墨斯，是因为我承担了全宇宙智慧的三重角色。关于"太阳的工作"，这就是我要说的全部。

前言

INTRODUCTION

　　作为皇家工艺，炼金术一直是人类最富于生命力且最为神秘的一个行业。炼金术之所以被称作皇家工艺，是因为从传说中的黄帝（大约公元前27世纪），到17世纪投入大量时间研究炼金术的神圣罗马帝国皇帝鲁道夫二世，炼金术一直是君主和王子们的行为，或君主或王子们授权的行为。

　　然而，炼金术究竟是什么？这个词的起源和定义都无从考证。在中国，它表现为对长生不老的追求。在印度，它的意思是制药工艺。而在西方，它与寻找能把贱金属变成黄金的"哲人石"的过程联系在一起。炼金术包含了所有以上提到的意义，甚至更多。

　　炼金术士都是些至善论者，他们做任何事情都力求完美，尤其追求精神上的自我完善。炼金术士究竟都做些什么？他们为什么要研究炼金术？这些都是本书要探讨的问题。我们大体上在西方炼金术传统的范围内来研究那些指导炼金术士的基本原理和原则，他们使用的材料，以及他们用于表达炼金术工艺的那些晦涩难懂却又让人着迷的术语和符号。但是，读者要做好心理准备——理解炼金术并非易事，因为其中充满了各种各样的陷阱和悖论，我们需要丰富的想象力和认真的态度才能充分理解。

获取黄金的秘密工艺
THE SECRET ART

翻开一本炼金学书籍，映入眼帘的是大量令人目不暇接、晦涩难懂的文字和稀奇古怪、前后矛盾的图像。制造"哲人石"的方法都蕴含在一些晦涩的术语和难解的图画之中。这些图画中画了一些奇怪的符号或神奇的幻景，例如皇室成员表演一部关于婚姻、反目、杀婴、弑君、两性畸形和墓地交媾的离奇肥皂剧，同时还有一些神话中的动物，如龙、绿狮、独角兽、凤凰、火蜥蜴等。炼金学书籍的作者往往有译成拉丁文的奇怪笔名，并且一生错综复杂，充满神秘色彩。

17世纪的波兰炼金术士迈克尔·森迪沃吉乌斯（Michael Sendivogius）就是一个很好的例子。他曾两次逃脱贪婪的德国王子的折磨和拘禁，后来多年担任鲁道夫二世的医师和顾问多年，并为之变过黄金。此外，他还很可能是史上第一个离析氧气的人。

那么，在所有这些令人眼花缭乱的线索中，入门者从哪里入手好呢？成为一名炼金术士，或至少学会配制一些炼金术药水，首先你得掌握炼金术士的思维方式。很明显，古往今来世界各地的炼金术士往往有同样的观念。也许他们说话的方式比较怪异，但至少他们说的或多或少都是同样的内容。他们都相信，除了黄金以外，我们和任何别的事物都不是真实的存在。炼金术在西方世界的历史可以概括为黄金的历史，以及人们和黄金之间关系的历史。这段历史恰好开始于当今世界到来之前的一个充满神秘色彩的黄金年代。

图中的两条鱼代表炼金术过程的开头和结尾，同时也标志着双鱼座的第十二个也是最后一个黄道带符号。

龙代表着充满激情且卑微的自我，以及那些为了让炼金术过程开始而必须抑制的未经净化的原初物质。

两只相互搏斗的鹰代表了"精神"和"灵魂"，以及炼金术士的硫和汞在它们融合之前的对立。

一旦纯化，相互冲突的几大元素就得以提升和转换，并且可以在尊严与和谐中接近彼此了。

看看早期人类
ECCE HOMO

原始人渐渐有了意识和思维。他们发现自己站立在地球之上，在炙热的阳光中呼吸着空气。看看当时的人类：随着需求的增多，他们的好奇心也与日俱增。他们对水充满渴望，逐水而居。水、火、土和空气都是人类必需的要素。夜幕降临的时候，被黑暗包围的原始人体验到了一丝失落，于是开始了解到世界是由昼夜、明暗、冷热所构成的二元世界。太阳落山后，他们怀念太阳的光芒和温暖。但在他们有能力从天上窃取火种之前，火乃是诸神才拥有的财富。天上降下的雷电之火、炽烈的陨铁之火、地下喷出的火山之火以及晶体折射阳光后点燃的火种，都肆无忌惮地吞噬着森林。

同时，在水边他们知道了水有深度，也能反射，此外还找到了一切所需的东西，用来解渴、果腹，展开自己的想象。人类为泥土丰富的颜色所吸引——红赭石，有着血的颜色；黄赭石，有着火和阳光的颜色；白色高岭土，有着骨头、牙齿和月亮的颜色；黑色黏土，如同茫茫夜色。他注视着它们，轻触着它们，他的手指染上了不同的颜色，他用这些颜色涂抹身体。有了这些与人种肤色同样丰富多彩的大自然的颜色以后，他就能够模拟自然界中的事物，用手和调色板把浮现在头脑中的任何事物表现出来。这样他就能战胜敌人，超越盟友，而这些正是他所能感觉到的、存在于自己周围的灵魂、同伴。

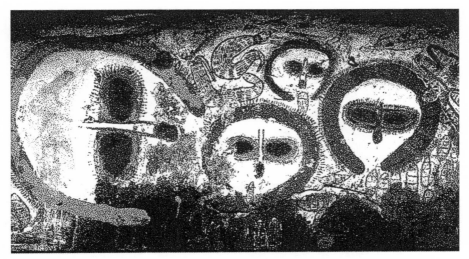

　　来自澳大利亚西北的 Wandjina 绘画——与我们共存于这个世界上的神秘生命的怪诞肖像。根据传说，当祖先精神的血液溅落在地上时，用于这些图画的赤铁矿就形成了。赤铁矿、高岭土和黑炭直到今天仍然为人们所用。

　　来自法国 Lascaux 的 Palacolithic 石洞壁画——把诸如细磨过的黑锰矿石和赤铁矿之类的简单矿物颜料（和赤铁矿中发现的氧化铁一样），用嘴喷在墙面上，然后用手指轻轻涂擦，用以表现动物的灵魂。

火与金属 / 从黄金时代到铁器时代
FIRE AND METALS

除了盛产各种颜色的泥土以外，河床还出产像太阳一样闪亮的天然块状的贵重金属。迷人的黄金沉重而且硬度适当，可用石头敲制成永不碎裂和褪色的极佳艺术品。

然而黄金并非唯一可以直接使用的金属，地上还能发现裸露的陨铁。陨铁颜色灰暗，质地坚硬，不易加工，但它像黄金一样能发出清脆的响声。虽然它的颜色就像泥土，人们还是认识到此物是从天上掉下来的。这赋予了它神秘而令人敬畏的神圣属性。陨铁制成的工艺品非常神奇，但加工这种金属并非易事，人类得首先学会用火。就像金矿矿脉深入到地下一样，其他的金属也都蕴藏在岩石中，并未完全成形，只有用火才能把它们提炼出来。

火改变了万事万物的形状，也彻底改变了人类的生活。通过使用火，我们能把河里的黏土烧制成做饭、盛物以及储存用的器皿和用于建造熔炉的砖块。而一旦建成熔炉，我们就能从岩石中高温提炼金属，并把它们灌注成各式各样的工具，首先是锤子和钳子，随后是刀刃，接着便有了犁铧和武器。

一旦成为火的主人，人类对于世界的征服进程便会一直继续下去。黄金虽然象征着完美和永恒，但对黄金的研究却让人类走上了一条不断探索变革的通往工业机械、核技术及点石成金之路。

回到自然 / 构成生命的要素
BACK TO NATURE

　　尽管在科学技术上取得了巨大的成就，人类仍然受到各种因素的制约，就像地球上其他事物，人类仍然是自然界的一部分。因此，炼金术士相信大自然中具有统一万事万物并支配它们各自天性的规律，他们还认为自然界中的万事万物在人类意识中都有所反映。

　　对炼金术士而言，普世的生命赋予原则是"精神（spirit）"，而每个事物的唯一本原是它的"灵魂（soul）"。这两者与第三个要素——"形体（body）"一起，组成了构成世界的三大要素。只要了解一下植物界就可以理解这三大要素，因为在植物界，它们很容易被识别出来。

　　植物酒精或乙醇被称作植物的"精神"，不管它是来自葡萄、谷物，还是曼德拉草根，都没有什么区别，因而是植物界的普遍元素。精油是个别植物的精华或"灵魂"（玫瑰有很多名字，但它的香味是唯一的）。第三，植物的"形体"是把无关紧要的部分从整体中分离出去以后从残存的植物灰烬中提取出来的一种无形的盐，这一点我们随后就能看到。

　　植物盐充当了植物界和矿物界之间的桥梁，是矿物炼金术的起点，神秘的植物盐提取过程揭示了炼金术士的转换精神。此过程关键在于三大要素的相互作用，因此我们将详细介绍该过程以及炼金术士用于表示该过程的大量符号。

"它在风的子宫里孕育。"这句话对风进行了人格化。风携带了《翠玉录》中神秘的"它"，这个"它"是所有炼金术士想方设法都想知道的东西。

帕拉塞尔苏斯（Paracelsus）忠告我们，"要遵循自然规律。"在这里我们可以看见着灯笼，拿着棍子，戴着眼镜，并企图跟随自然界步伐的炼金术士。

火蜥蜴代表着火的基本精神，我们必须要充分了解它，以便将它与"世俗之火"区分开来。

两个炼金术士在观察天体运动以及天体之间的关系，以决定开始炼金术工程的最佳时机。

硫和汞 / 对立面的和解
SULPHUR AND MERCURY

在炼金术术语中硫和汞分别被称为"灵魂"和"精神"。和普通硫和汞不同的是，它们被视为生物界的基本元素，在上帝创世之初就已经形成。它们是分别处于两极，而又相互补充、和谐相处的一对力量。如同象征阴阳的符号一样，它们不仅彼此映衬，还互为对方的出发点。因此古典炼金术的配方中包含的无数自相矛盾的话语总是令人费解。

作为"灵魂"的硫表示意识，即个体的精神。它是火热、干燥、易燃、阳性的要素，是活跃的引起危险的根源，因而被称为"太阳"和"哲人石之父"。它是事物的"相"，即事物的思想，与"主题"即事物思想的表达刚好相反。表示它的符号有太阳、牡鹿以及红狮。净化前它被表示为与白种妇女争吵的红色男人。净化后就成了红色国王。

作为"精神"的汞是生命的活力，是万事万物共有的灵魂。它被动，柔弱，寒冷，而且像水一样流动，它永远是阴性的，它是构成世界的最基本的物质，是世间万物的母体。汞往往被表示为龙、蛇、绿狮、白人妇女，而净化后则表达为白人王后或白狮、独角兽，被称为月神和戴安娜的月亮，亦即自然界中的处女神。

第三个要素——盐，是硫和汞之间的中介。它是硫和汞之间的火花，是它们结合的产物，是两者之间的平衡点。

Johann Daniel Mylius, *Philosophia Reformata*, 1622

Michael Maier, *Atalanta Fugiens*, 1618

神圣的婚礼 / 太阳和月亮的结合
THE CHEMICAL WEDDING

  人是一个自相矛盾的生物，充满矛盾和战斗的热情。精神想要统治世界，而灵魂却只想过上幸福的生活。它们之间的冲突在炼金术中往往被表达为一个持剑的男人和一个带鹰的女人，或者两只厮打的动物，如两只鹰，公狗和母狗。厮打的结果是交配和死亡，标志着爱与恨之间致命而徒劳的关系。

  为了逃脱这种残忍的轮回，在达到和谐之前，无关紧要的细节必须从总体中分离出来，因为只要精神和灵魂被物质形式联系到一起，它们就无法得到解脱。其中的寓意很简单——要是我们过于强调自己的肉体存在，则必将经历肉体的死亡，因此必须去除并消灭这种错误的同一性，展现真实的自我。就像外壳如不腐烂脱落，种子就无法开花结果的道理一样。能够瓦解肉体的物质就是"智者之汞"（Philosophies Mercury），它是一种净化精神的溶剂，如何配制"智者之汞"给实验室炼金术士提出了最大的难题。

  一旦从受到约束的状态中释放出来，硫和汞这两个要素都可以得以净化和调和，之后就是它们之间的神圣结合。这就是红色国王和白人王后之间的化学婚礼。它们结合后产下的孩子是单性生殖的超常男孩，被赋予了灵魂的精神。他不朽的灵魂被记述在 18 世纪一本匿名作者所著的标题为"太阳和月亮的雌雄同体的孩子"的炼金术大作中。

未纯化的硫富有侵略性，在这里被人格化为红皮肤男人沉湎于放纵的热情之中，向不情愿的汞——不屈的白人妇女示爱。他需要改善自己的技巧。

两性之间的斗争在这里表示为狂怒且致命的交配，结果是导致双方的死亡，炼金术士必须从他们的死亡中开始他的炼金旅途。

情人幽会于婚姻的卧房中，幸福地融合在一起。太阳和月亮快乐地注视着，这对情人的精神在和谐中升华。炼金术士等待着他们结合的结晶。

作为太阳和月亮，硫和汞找到了一处水中的洞穴，他们可以偷偷地相互拥抱在一起。月亮怀上了雌雄同体的婴儿，过一阵子，婴儿完全长成以后，会从水银中出来。

三倍大神赫耳墨斯 /
喜欢做恶作剧的灵魂使者
THRICE GREAT HERMES

传说中的三倍大神赫耳墨斯（Hermes Trismegistus）是西方炼金术的天才和所有炼金术士的鼻祖。尽管他被人们当做一位古人，并且被阿拉伯人等同于先知伊德里斯（Idris），他实际上是古希腊的赫耳墨斯（古罗马神话中的墨丘利）和古埃及神话中的托特神的结合体。

赫耳墨斯是调停天与地之间矛盾的圣使，十字路口的魔术师，商人和小偷的保护神。而托特神是那些神圣科学的保护神，也是调解矛盾之神，人们认为他在任何生命层次都能发挥作用。他为众神服务，但也先于众神而存在，他甚至创造了众神。因为他本身就是一个具有自我创造力的伟大魔术师，他说的话马上就能起作用。他只要命名一个东西，那个东西就能马上形成。

作为一个历史传说和神话中均出现的人物，三倍大神赫耳墨斯的身份很难确定，他经常改变角色和身份。作为魔术师的典范，他是一名言传身教的魔术传授者，是任何敌对双方的调停者，经常被称为赫耳墨斯或墨丘利。

一本名为《赫耳墨斯文书》（The Hermetica）的作品据说是他所著。这部作品成书于亚历山大大帝时代的早期，但是书中明显能看出很多更早时期的灵感。本书直到文艺复兴时期才为人所知，但是它的影响非常大。在赫耳墨斯的描述中，人类是伟大的奇迹，是"按照上帝的模子"塑造出来的小小宇宙，带着所有需要的东西去达成神圣的目标。《赫耳墨斯文书》中有一篇广为流传，它是解读《翠玉录》的神秘向导。《翠玉录》上面的文字尽管晦涩难懂，其中蕴含的意义却无穷无尽。

埃及万神殿的神像，长着朱鹭头的托特（左上图），高举着埃及式十字架，十字架上缠绕着两条蛇。三倍大神赫耳墨斯（右上图）一手高举着浑天仪指向天空，一手指向地面。墨丘利（下图）调解对立的两极矛盾，双手各持有一象征和谐的墨丘利节杖。

药剂制造者 /大夫， 医好你自己的病!
POTION MAKERS

    医术是《赫耳墨斯文书》中的个主题。书中记载了赫耳墨斯（墨丘利）教给希腊神话中半人半神的医者阿斯克勒庇俄斯医术的故事。阿斯克勒庇俄斯的权杖——一根盘着蛇的权杖，是医学界的国际符号，而赫耳墨斯拥有的两条蛇的墨丘利节杖也被广泛用作医学的象征。墨丘利节杖所象征的完美平衡是所有整体医学的目标。因此作为赫耳墨斯的男女后裔，所有的炼金术士都认为他们自己同时也是医者，并且经常把"哲人石"称为万能药。贾比尔（Jabir Ibn Hayyan）（721–815 年），米歇尔·梅耶（Michael Maier）（1568–1622 年）和罗伯特·弗拉德（Robert Fludd）（1574–1670 年）都曾是著名的医生及充满传奇色彩的炼金术士。

    炼金术士首先面对的就是制药的原料本身。例如要用迷迭香制造一种药品，炼金术土总是想方设法先完善迷迭香本身。药剂师可能认为药剂仅仅是从枯死的植物中提炼出来的物质的化合物，但炼金术士却不这样认为。在他们眼中，药剂正是代表了迷迭香的精神。迷迭香的精神转移到药剂之中以后，会更富生命力，与它的理想形式得以完美融合。

    为了明白炼金术士怎么会有那么特殊的观念，我们有必要回到上帝创世之初，以弄清炼金术哲学赖以存在的基础——几条形 而上学原则。

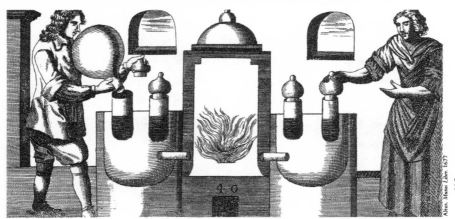

创世之初
CREATION

炼金术士认为，上帝在创造宇宙这一项伟大工程的时候，就赋予了它灵魂和精神。当代理论认为是物质创造了意识，炼金术士的观点则不同，他们认为宇宙是形而上的——精神要先于物质而存在。因此，如何将堕落的物质恢复为精神就成了炼金术士的重大任务。

《赫耳墨斯文书》描述了一幅令人信服的创世景象。赫耳墨斯目睹了当逻各斯的神秘降临使世界陷入烟雾弥漫的黑暗之中，而黑暗浓缩成液状的世界本原物质时，"神之独一"之痛苦牺牲，"虚无"之裂开的全过程。逻各斯是"上帝之子"，是创造世界的元素，是世界的"相"，是"无序之水"的根源，而"无序之水"又成了各种形式的事物的母体。因此上帝通过他自身的影子化成了两个，并且生成了第三个要素，这第三个要素就像托特一样，介于两极之间并调节两极的关系，让两极成为能够再生的火花和产婆，允许它们有效地联合在一起。

在此基础上三大要素得以建立——硫♄（圣子／相），汞☿（基本物质／原质）和盐⊖。我们期望并相信在这个宏大的情景中能找到几乎自相矛盾的炼金术的基本原理。在这个世界上没有什么意义是绝对的，除非是在绝对世界中，因此，炼金术士理解事物必须敏感并且要学会变通。这些有关创世之初的神圣概念在炼金术士的实验室中得到了实际运用，有关这一点稍后还会详细说明。

上述三大要素的交互作用形成了四大元素的概念，它们是所有被创造事物的模板。

起初，神创造天地。

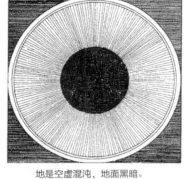

地是空虚混沌，地面黑暗。

神的灵运行在水面上。

神发出命令，于是就有了光，神看光是好的。

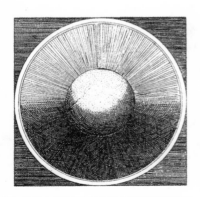

然后，称为白昼的光与称为黑夜的黑暗分离开来。

诸水之间要有空气，将水分为上下。

J.D. Mylius, *Opus Medico-Chymicum*, 1618

四大元素 / 水、火、土和气
THE ELEMENTS

这四大哲学上的元素可以表示为三角形。上升的火△和空气△是指向上方的正三角形，而下降的水▽和土▽是指向下方的倒三角形。空气△和土▽的三角形顶端有一条横线穿过，表示分别上升或下降得较少。四元素作为整体被表现为一个十字（本书"炼金术符号"列出了所有本书中用到的符号）。作为优先于物质的表现形式的原型，这些元素不能与原子构成的元素混淆到一起，也不能与和它们同名的具体物质相混淆。

每个元素都和其他两个元素具有共同的性质（见第 021 页图）。这为物质之内被称为要素转换的循环变换提供了动力。火△是最易于变化的元素，而土▽则是最稳定的元素。火△和空气△是阳性的元素，相反，水▽和土▽则是阴性的。炼金术士把万事万物都看做是四大基本元素的混合物。例如，普通的水和酒精两个都是"水"，但是酒精里面有更多火△元素，而水中则有更多的空气△。

在传统宇宙哲学中，由基本元素首先创造出天堂、黄道带、恒星，然后是七大行星，这七大行星的字面意义是"流浪者"，每一颗都有特有的性质，与地球上的万事万物具有共性。

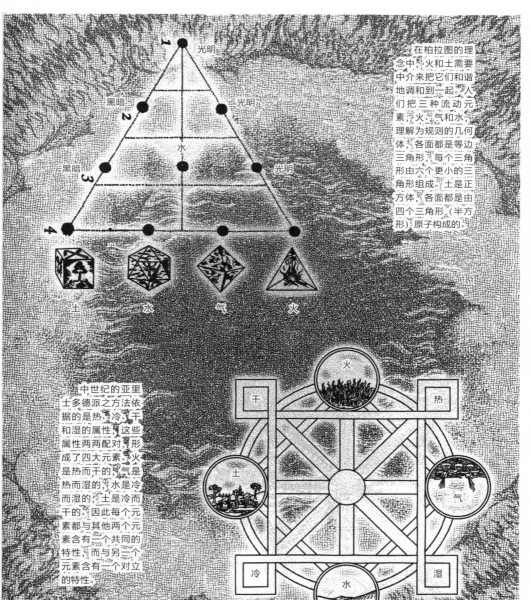

在柏拉图的理念中，火和土需要中介来把它们和谐地调和到一起。人们把三种流动元素，火、气和水，理解为规则的几何体，各面都是等边三角形，每个三角形由六个更小的三角形组成。土是正方体，各面都是由四个三角形（半方形）原子构成的。

1 光明

黑暗 2 光明

黑暗 3 水 光明

4

土　水　气　火

中世纪的亚里士多德派之方法依据的是热、冷、干和湿的属性，这些属性两两配对，形成了四大元素：火是热而干的，气是热而湿的，水是冷而湿的，土是冷而干的。因此每个元素都与其他两个元素含有一个共同的特性，而与另一个元素含有一个对立的特性。

火

干　热

土　气

冷　湿

水

来自天堂的金属 /壮丽的七大行星
HEAVENLY METAL

　　和古人一样，炼金术士认为七大行星是七个天神在天上的形体。一直以来，七大行星都是按照它们相对于恒星的运行速度排序的，最后由迦勒底人（Chaldaeans）记录下来（大约公元 700 年）。这一顺序与一周中的七天的对应关系如下图所示。

　　太阳 ☉、月亮 ☽ 和金星 ♀ 是天空中最亮的天体，分别和地球上存在并可加以利用的 3 种闪亮的天然金属金、银、铜相对应。古代冶金术提炼出了另外 4 种纯金属：铁、锡、铅和汞，分别对应于另外 4 颗行星。运行速度慢的土星 ♄ 与笨重的铅配对，火红的火星 ♂ 与尚武的铁类似，快速移动的水星 ☿ 对应于流动的汞，而锡发出的噼啪声就像木星 ♃ 的霹雳一样。

　　在努力净化灵魂的过程中，炼金术士还发现，七大行星从处于底层的土星（铅）到圣洁的太阳（黄金），都与他们的内心有共同之处。我们仍然用 saturnine（沉默寡言的）、mercurial（雄辩机智的）和 jovial（愉快的）之类的形容词来形容反映了某些行星性质的人物个性。动植物也有行星的性质——狮子像太阳，独角兽像月亮，有刺的植物与火星有共同之处，而苹果则具备金星的特质。

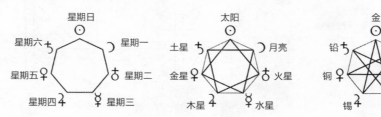

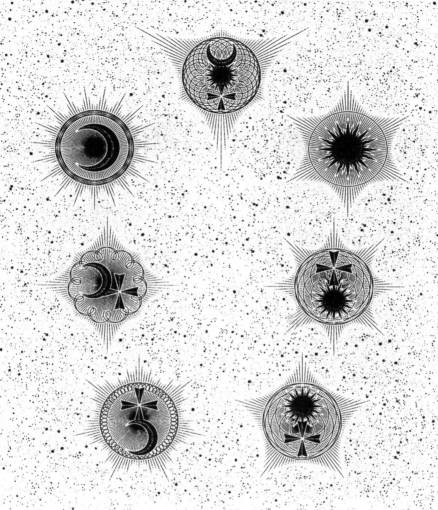

　　行星的徽标由三个组成部分构成：太阳☉，月亮☽和四大元素✟。

　　上图：白化的过程从左下的土星♄开始，月亮的元素在黑暗中为四大元素所掩盖，再次出现以后将与四大元素在木星中平等结合，最终从中解脱，成为辉煌夺目的月亮☽。

　　右边的红化过程开始于色彩艳丽的金星♀，太阳的元素支配着四大元素并与它们紧密联系在一起，在火星♂中太阳被包含在四大元素中，然后解脱出来成为纯粹的一元化的太阳☉。汞监督着整个过程。为了所有过程能够顺利进行，它的符号中必然包含了所有三个成分☿。

矿物和颜料 / 绘画颜色的奥秘
MINERALS AND PIGMENTS

　　古人发现了很多表示行星和金属之间联系的具体办法，并较多地用在宗教艺术中。旧石器时代的洞穴画家广为采用的赭色的氧化铁是人们已知的最早的颜料之一（大约公元前 30 万年）。早期的冶金工人、制陶工人和玻璃工人在自然界的金属矿和矿物质中发现了更多精美的颜色。后来，精通艺术的古代埃及人创造出了更为华丽的颜色，发明了无与伦比的埃及蓝（一种硅酸铜），它是人们已知的最早的人造颜料，首次再现了天空的颜色（见第 050 页）。

　　拉斐尔的画作《十字架》（见第 025 页）是在充分意识到炼金术中行星与金属之间的对应关系的基础上运用颜色的典型例子，该作品甚至使用了第 023 页中显示的传统行星排序。

　　太阳☉和月亮☽被画成了黄金和汞的颜色，而金星♀和火星♂为画中两位天使的绿色长袍提供了象征铜和铁的绿色和象征铅和锡的黄色。图中央基督的血和腰带绘上了汞和硫混合的朱红色，这是中国人用来表现长生不老的颜色。

如其在上， 如其在下
AS ABOVE SO BELOW

不管用何种方法调配颜料和药剂，如果不在正确的时间配制的话，也不足以成为真正意义上的炼金术。时间是将行星的特质最大化的决定性因素，这就要求人们对天体运动有相当的了解。

七大行星穿过划分太阳年的黄道带中的十二星座，十二星座的位置的不断变换决定了每个时间段唯一的属性平衡。七大行星的内在属性代表了炼金术士在炼金术的伟大工程中必须进步的方向，而黄道带则对应于灵魂在回归绝对的过程中必须承受的十二个轮回过程。

在北半球，占星术和炼金术中的新年开始于春分时的白羊座，那时昼夜等长。在从春天到仲夏的过程中，太阳升起，在隆冬时落下，走向死亡，然后到了来年的春天重生。跟季节的轮回联系最为紧密的就是植物界了。植物直接依赖于太阳，随着太阳年的更替繁荣和衰败。同时，月亮的盈亏也控制着植物的汁液，负责汁液在植物内部上下流动。因此，草药炼金术士不得不听从帕拉塞尔苏斯（Paracelsus）的劝告：

"炼金术士要非常了解行星的内在属性以及它们的外观和性质，就像医生了解他的病人一样。他们还需要知道行星的协调性，它们是怎样与起源于基本要素的万事万物联系到一起的……药物如果不是来自天堂就毫无效用。"

炼金术把神灵置于瓶中
SPAGYRICS

炼金术还把神灵置于药剂中。"炼金术"（Spagyria）一词是伟大的德国医生帕拉塞尔苏斯（Paracelsus，1493–1541 年）根据希腊语中的词根"spao–"（意为抽取）和"ageiro–"（意为集聚）创造出来的。它相当于炼金术的格言"Solve et coagula！"（熔化稳定的物体，固化易变的物体），且已成为用来指炼金术药物生产过程的通用术语。要理解炼金术中的概念和实践，配制炼金术药物是一个理想的方法，只需要一些基本设备，大多数关键的工序都可以在实验室中进行。要用某种特别的植物配制一种药品的话，应该在周内开始，并且要在符合与之相对应的行星的时间内进行。

要制作一种基本的炼金术酊剂，先把一株药草碾碎，再把它放进一个密封的罐子，用温葡萄白兰地浸泡两星期。这里所用的白兰地已经包含了植物"汞"☿（酒精），并与药草中的"硫"🜍（精油）融合在一起了。然后，将该酊剂过滤，从植物中的残渣中将可溶性盐🜔小心地提取出来（见第 029 页的说明）。这就将次要部分从重要部分中分离出来，把微不足道的部分从总体中分离出来。最终盐🜔被添加到硫🜍和汞☿酊剂中，把三大要素重新组合在一起。唯一丢弃的是不能溶解的植物残渣。

蒸馏法（见第 029 页）对于更为复杂的炼金术工序非常重要。植物的硫🜍可以通过蒸馏法提取出来。硫🜍集中在蒸馏物的表面，很容易脱去。汞☿可以通过让植物发酵的方式提取出来，但是由于汞☿是普遍存在于所有植物中的，任何乙醇用蒸馏法提纯到 96‰ 的纯度以后都能进行提取。

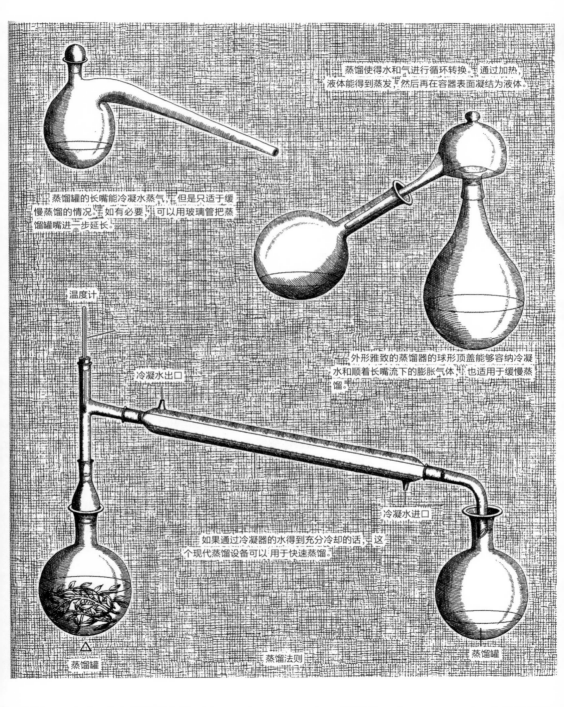

蒸馏使得水和气进行循环转换。通过加热，液体能得到蒸发，然后再在容器表面凝结为液体。

蒸馏罐的长嘴能冷凝水蒸气，但是只适于缓慢蒸馏的情况。如有必要，可以用玻璃管把蒸馏罐嘴进一步延长。

温度计

冷凝水出口

外形雅致的蒸馏器的球形顶盖能够容纳冷凝水和顺着长嘴流下的膨胀气体，也适用于缓慢蒸馏。

冷凝水进口

如果通过冷凝器的水得到充分冷却的话，这个现代蒸馏设备可以用于快速蒸馏。

蒸馏罐

蒸馏法则

蒸馏罐

天使之水 /收集秘密之火
ANGEL WATER

　　大自然中充满了各种不为人知的恩惠。普通的露水是经过净化的天地精华，由宇宙精神或"神秘之火"凝结而成。收集露水的最佳方法是使用经过净化的植物盐，因为它高度吸水，能够吸附空气中的露水。在炼金术中，植物盐⊖被当做一种过渡物质，因为它联系着两个王国——植物王国和矿物王国。

　　①将任何一种植物烧成灰烬，最好用栎树皮。②将植物灰烬盛入一把大壶，加入 20 倍的雨水。③煮 20 分钟，把溶于水的盐⊖提取出来。④冷却，然后滤到一口大锅之内。⑤蒸发液体，当盐⊖开始凝固的时候快速搅拌。⑥把干燥的盐⊖磨碎，然后在锅里加热。这个过程叫作"焙烧"，按文字记载，"要烧得像白垩一样。"⑦在 500℃的高温中煅烧——在煤气炉中烧，用全风。⑧将冷却后的盐⊖溶解在净化过的雨水中。⑨重复步骤④到⑦至少两次，直到盐⊖变得纯白。⑩重复步骤①到⑨，至少得到两杯盐⊖。⑪在深夜之时，最好是在天气晴朗的月圆春夜），将盐⊖薄薄地铺在室外的一块玻璃板或瓷碟上。⑫将瓷碟放在室外的一片空地上，支起来远离地面。⑬日出时收回瓷碟，将里面的东西倒入一个蒸馏烧瓶中，注意避免接触到皮肤和金属。盐⊖应该已经液化，至少也部分液化了。⑭将这"天使之水"小心蒸干，直到盐⊖变得干燥为止。⑮倒入一个黑玻璃罐中，密封起来。⑯用同样的办法储存盐⊖，它可以无数次用于收集"天使之水"，并且其中会积聚越来越多的秘密之火。

　　这样制作出来的就是"盐中之盐（Sal Salis）"，或"正当之盐"，但还有另一种盐⊖，叫作"硫之盐（Sal Sulphuris）"，它是在硫🜍或汞☿被蒸馏掉以后从植物残渣中提取出来的。植物的汤汁被煮干，形成焦油，然后再烧，研磨，成为灰烬，再像"盐中之盐"一样提取出来。

它由地上升到天上，再由天上降到地上，结合了天地的能量。天使之水可以用作滋补品（滴几滴于水中，可以明目，还可以美白润肤），可以用于其他药品，甚至还可以得到进一步改进，制成上等的活力之水。

活力之水 /分解蒸馏
ARCHAEUS OF WATER

掌握蒸馏工艺需要特别细心，并且经验丰富。诸如希罗尼姆·布契威格（Hieronymus Brunschwygk，1450–1513 年）和约翰·弗伦奇（John French，1616–1657 年）这样的炼金术士写过大量有关蒸馏的书籍。蒸馏是元素的循环——液体被加热到汽化点而成为气体，当接触到温度较低的物体表面时再次凝结为液体。要完成蒸馏的过程，我们需要一只硼硅玻璃蒸馏烧瓶，一只简单的冷凝器和一只玻璃接受容器。要快速蒸馏的话，可以对蒸馏烧瓶直接加热；要缓慢蒸馏的话，则可以把烧瓶置于水中，从下面加热；如果你想要温度更高的恒温蒸馏法，则可以把烧瓶埋在热灰或热沙中加热。

炼金术士认识很多类型的水——基本之水、无序之水（原质），以及其他各种类型的水状物质，它们都有一个神秘的总称——"我们的水（Our Water）"。就算是普通水也不仅仅是一种物质，它是一种微妙的多样的流体，它具有磁性和中介性质等重要属性，是唯一在凝固后体积会增大的液体。天使之水可用于配制一种被称为活力之水的药剂，配制该药剂时可以采用分解蒸馏法，把水分解成哲学意义上的 12 个部分（见第 033 页）。几滴天使之水就能激活用于诸如发酵等目的的其他水。在它们重新结合之前，这 12 种水中的任何一种都适于不同的目的——例如通过重复蒸馏法其中的一种水可以变得足够剧烈，可以作用于金属。

蒸馏挥发性液体非常危险，有时候能够引起爆炸。很多炼金术士的实验室都曾被夷为平地，所以一定要小心！

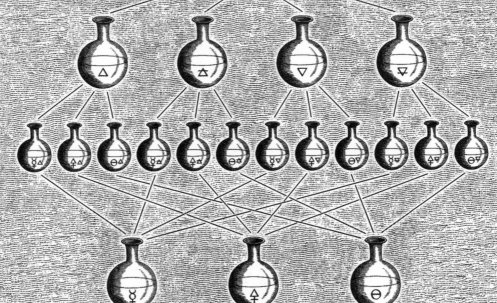

① 收集二两加仑（3.37—6.74升）新鲜雨水（最好是雷雨）。雨水不应与地面、手和金属接触。② 把同样分量的水过滤到细颈大瓶或类似容器中，最多半瓶。③ 每个容器中加入同样分量的天使之水——一雷杯就够了。④ 用一块布盖紧，防止灰尘进入，同时又允许适量空气出入。

⑤ 将容器置于温暖黑暗之处，例如通气的柜橱或夏季的阁楼中或屋顶下面。过一阵子，水就会醇化，形成一种黏稠的褐色物质，并最终沉到容器底部，表明整个过程已经结束。
⑥ 将发酵后的水倒入一个细颈蒸馏瓶，直至半满，记下确切的量。

⑦ 将同样等分的该种液体缓慢而温和地蒸馏到四个不同的烧瓶中。最先蒸馏过来的是水中的"火"△，然后是水中的"气"△，再次是水中的"水"▽，最后是水中的"土"▽。
⑧ 把各个成分都密封起来，分别标上它们作为元素的符号。⑨ 重复步骤⑥和步骤⑦，直到蒸完所有的水。注意不要烧焦了蒸馏的残渣。这些残渣应该小心翼翼地收集起来，风干保存。按照炼金术士基希韦格（Kirchweger）的说法，是真正普遍存在的原糖，其中包含了三大王国中生命的种子。

⑩ 现在还是通过蒸馏法将各基本成分按体积分成三等分，分离到三大元素中。由水中的"火"构成的三分之一等分是水中的"汞"☿，其次是水中的"硫"🜍，最后是"盐"🜔。⑪ 每个基本成分都重复一次。⑫ 将四份汞☿，然后是四份硫🜍，再就是四份盐🜔倒在一起，然后将混合后的汞☿倒入盐🜔中，最后加入混合后的硫🜍，这样，我们就得到了完全的活力之水。

原初存在物 / 盐的挥发
PRIMUM ENS

　　掌握了蒸馏和提取盐的工艺后，药剂制造者也许会准备尝试一种最高层次的炼金术药剂，这种药剂深受帕拉塞尔苏斯（Paracelsus）推崇，被他称为"原初存在物"（Primumm Ens）。通过这个过程得到的硫☿、汞☿和盐⊖的结合物能提升植物，让植物达到与它的精神同样的高度，从而让它的疗效最大化。

　　原料：①纯植物汞☿（乙醇），由经过七八次蒸馏的白兰地制作而来，购买的也可（最好选用由葡萄制作的白兰地）。②植物硫☿（植物精油，例如迷迭香）——可以自己提取，也可购买质量好的植物精油。③来自同一植物的盐⊖。方法：①将150毫升硫☿轻轻倒进一个顶部有透气孔的500毫升蒸馏罐。②经由透气孔一点一点地往蒸馏罐中注入30克来自于提炼植物硫☿的同一株植物的干燥的纯盐⊖。③在热沙中把蒸馏罐慢慢加热到不猛烈的将沸未沸状态，以便它缓慢地蒸发到一个烧瓶之中。不久你会看到即将沸腾的硫☿上落下由微粒构成的美丽"雪花"。"雪花"越下越大，上升到蒸馏罐的颈部，在玻璃上结了一层霜。这就是盐的挥发——炼金术中的一个奇观。④当残余物变得像蜂蜜一样黏稠的时候，停止蒸馏。⑤把硫☿重新加到蒸馏罐中，再蒸馏一次。这一次将会把硫☿冲洗到接受瓶中。⑥再蒸馏一次，盐⊖将再一次在蒸馏罐的颈部结霜。⑦用松节油清洗蒸馏罐，使其干燥。⑧再蒸馏一次，加入150毫升纯植物汞☿。盐⊖全部都会馏出，与汞☿结合在一起。

　　如同炼金术中的其他很多方法一样，这个方法也能难倒很多炼金术化学家，即使最有经验的也不例外。除非他密切关注工序中的每个环节——按照惯例，秘方会被人为地搞混，让那些不够格的人看不明白。师傅也许可以帮忙，但是今天擅长此道者已经不多了。然而，如果你真的感觉到挫败感的话，记住炼金术中的一句格言，"徒弟一旦做好准备，师傅就会出现。"

阿维森纳 (Avicenna，亦称 Ibn Sina) 演示如何才能蒸发 (鹰) 不易挥发的物体 (蟾蜍)。

上天之盐包含了天上秘密之火和地下土地之盐。

小循环
CIRCULATUM MINUS

　　"小循环（Circulatum Minus）"代表了植物炼金术的顶点，是一种极其复杂的制药方法。自从该方法在1690年由乌比吉努斯（Urbigerus）男爵在伦敦首次出版以来（第037页列出了该方法的概要），只有少数几个人真正掌握了它。这个名称的意思是"小循环"，"大循环"指的是"哲人石"本身的循环（简言之，循环是指一个密闭容器中温和的蒸馏，只有容器内的温度刚够连续蒸发和再次冷凝的要求时蒸馏才能进行）。

　　事实上，"小循环"涉及分解和蒸馏，而不仅仅是一个循环，指的是一种类似于"哲人石"的物质的神秘提升。这个过程需要很大的耐心。另外，纯度也十分重要，所用物料必须毫无杂质。

　　循环成功的话将会产生一种特殊的刺鼻气味和一种剧烈的腐蚀性的味道。可以用如下方法尝试一下：将一株像薄荷一样气味芳香的药草的新鲜绿叶切碎，然后把它们浸泡在该液体中。液体中将形成一些小油滴，并上浮到表面，这时候液体看来就像云雾一样。最后，剩余的残渣下落到底部。油中包含了植物中结合在一起的元素。这种油可以分离出来，剩下的就是循环药剂，可以从容器中重新蒸馏出来，以备他日再用。

　　只要是掌握了这道工序的人，都可以说是真正意义上的炼金术士了。

Baron Urbigerus, *Aphorismi Urbigerani*, 1690

Hieronymus Braunschweig, *Das Buch zu Distilliern*, 1519

　　原料：一株植物中提纯后的元素——盐⊖，硫🜍和汞☿（蜂花非常适合但其中硫🜍很少）；加拿大香脂或柯巴脂。

　　方法：①用等量的硫🜍和香脂逐渐吸收盐⊖直到它刚好到潮湿松散的程度为止。②为保险起见再加入一点香脂。③在40℃下置于玻璃罐中浸渍，盖好盖子，不要密封。④每天用木勺搅拌9~10次，必要时加入更多的香脂以维持稠度。大约4周后，盐⊖应该已经完全浸透，并且已经溶解成一种颜色暗黑的、玻璃状的"蜜"。⑤加入体积为6~8倍的纯汞☿。⑥密封好，并在40℃下浸渍至少10天，每天搅动若干次。⑦观察到颜色变化时，盐⊖就会呈现出黏稠的外观，在水浴锅中缓慢蒸馏，注意只蒸馏汞☿，而非香脂。⑧像前面所说的那样再蒸馏（亦即将蒸馏物重新放入烧瓶中蒸馏），如此总共7次。⑨最后蒸馏一次，你也许已完成了炼金术中的"更少的循环"。

Steffan Michelspacher, *Cabala: Spiegel der Kunst und Natur*, 1615

037

从次要到主要，从量变到质变
FROM MINOR TO MAJOR

达到植物炼金术的顶点之后，炼金术士就随时可以进行下一步操作了。如果说小循环能够导致一种明显的奇迹般变化的话，大循环就更进了一步，能够把贱金属变成黄金。

那些受人尊重的，本来对炼金术持怀疑态度的权威人士，例如科学家海耳蒙特（Vann Helmont，1580–1644 年）和 17 世纪的爱尔维修（Helvetius）医生，做了一些记录，记述了他们见证并亲自用神秘的奇巧人提供的一种粉末把贱金属炼成黄金的令人难以置信的过程。这些神秘的奇巧人找到他们，然后神秘消失。在另一个例子中，充满传奇色彩的法国炼金术士尼古拉·勒梅（Nicolasn Flamel，1330–1418 年），偶尔购得一本奇怪的古书。凭借此书，他最终发现了"哲人石"，得到了大量的财富。

但是贱金属怎么可能炼成黄金呢？高深莫测的富尔坎耐利（Fulcanelli）对炼金术非常熟练，也许可以让我们了解这个过程。法国原子物理学家贾克·伯杰尔（Jacques Bergier）在 1937 年遇见过他，并引述了他的话。

"有一种办法可以操纵物质和能量，从而创造一种现代自然科学叫作压力场的东西。压力场能够作用于观测者，把他放到一个相对于宇宙有利的位置。从这个有利位置，他得以接触到一些平常被时间和空间、物质和能量所掩盖的事实。这就是所谓的伟大工程。"

普通的话语不足以描述这样的神秘事物。我们必须完全认同炼金术的观点才理解它们，另外，为了从猜测过渡到实际操作，我们还要完全认同这种物质本身。在炼金术领域，炼金术士的全身心投入是通往炼金术的钥匙。

炼金术士成了地球两极的主人（上图），在他的实验室中祈求顿悟（下图）。

宏伟工程 / 重回伊甸园
OPUS MAGNUM

    炼金术伟大工程的目标无非是与绝对世界达成一致。然而，在这个过程开始之前，精神和灵魂在较低层次上必须要达成和谐一致，而这就要求较低层次的自我妥协。在行路人到达目的地并且意识到再无前路可走之时，这个伟大工程就开始了。炼金术士就是孤独的行路人。

    从一个不真实的本体中脱离出来以后，精神和灵魂就能够结合在一起。经过纯化的硫和汞如今必须结合并产出雌雄同体的孩子，这就是被称为"太阳的作用"的过程。所有无关紧要的部分都去除以后，这个重要物质今后就密封在一个玻璃蛋里面隔离孵化（表示为第 041 页中的系列图形中的第一个烧瓶）。

    灵魂和精神的结合产生了一个包含了两大元素的新生命，这个新生命以乌鸦头为象征，标志着"黑化"，即所有一切都丧失殆尽的可怕的黑色阶段。该物质的颜色开始充满希望地变亮，然后就开始分解，所有的一切都开始挥发，像鹅毛一样飞荡。从这些灰烬中孕育出新的生命；第 041 页底行左侧烧瓶中的 3 朵花标志着经过纯化的三大要素，就连形体也复活了。

    这一切听起来很简单，然而大多数炼金术士都未曾成功做到这一点，因为他们一开始就用错了原料。

CONCEP-　TIO.

纯化后元素的
结合。

PRÆG-　NATIO.

不易挥发之物
得以蒸发，雌性
吸引雄性。

COLOR COELESTINUS.

雌雄合一。出
现天蓝色。

COLOR COELESTINUS.
cum tua terra nigra.

黑色的土在蓝
色中显现。

Caput Pubre-Philo-　Corvi factio sophorum.

乌鸦头，哲
学意义上的腐化。

Caput et lac dealba　Corvi Virginis tur.

乌鸦头，在乳
汁中变白。

Caput Separatio à　Corvi animæ corpore.

乌鸦头，灵
魂从身体分离。

Caput totalis animæ　Corvi separatio à corpore.

乌鸦头，完全
分离。

Cinis Cinerem vili　Cinerum hunc ne pendas.

残余的灰烬不
应被忽视。

Medicina Eli-　alba sive xir albuм.

白色的炼金药，
最为完美的形式。

Medicina Elixir　Rubea sive rubeum.

红色的炼金
药，完美的固定物。

Projectio　Augmenta tiog.

投射提升哲人
石的力量。

J.D. Mylius, *Anatomia Auri*, 1628

"哲人石"
LAPIS PHILOSOPHORUM

  制作"哲人石"的关键在于什么是"原质"（原生物质），这是炼金术的最大秘密。 原生物质存在于一切被上帝创造出来的事物之中， 但是我们只能从一种物质中提取并纯化原生物质。这种物质是什么呢？ 在古老的文献中老炼金术士只用谜语来回答。"它是一块不是石头的石头"，"……被女佣扔到街头，为孩童亵玩， 却无人能识……"， "它普通如尘土， 随处可见， 总是被当做世上最低劣、 最下贱之物。" "如果能找到它， 原质就能从它的桎梏中解脱， 无关紧要的成分就能从总体中分离，智者之汞就会出现——其余的工序就易如反掌了。"

  所有过程开始于得到解脱的元素的结合 （见第 041 页）。通过"温和而巧妙" 的加热， 一切都会水到渠成。 我们根据原料显示的颜色来监督工序的进度。 如果出现了黑化， 就应该出现黄色， 接着出现标志着白化阶段的绚丽如孔雀开屏的多姿多彩的颜色。

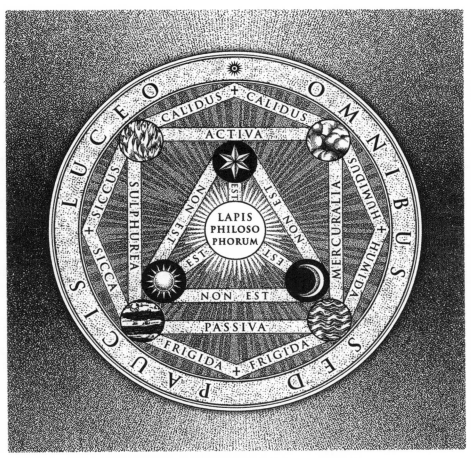

哲人石——"所有人都能得到，但只对少数人发光。"

宏观世界

人，微观世界

神界

对黄金的孜孜追求
GOING FOR GOLD

本书仅是炼金术的入门书籍。制造炼金术药剂需要有药剂学和占星学的扎实基础，还需要掌握炼金术的原则。而实际上能负责任而又有效地应用这些药剂则是另外一码事。很多炼金术士都不是医生，他们把开药方的权利留给那些慎重的开业医生。

把炼金术当做自身过程的一部分来加以利用的一个行之有效的方法是一周中每天用与当天行星相对应的草药来制作药剂。例如星期天制作太阳药剂，星期一制作月亮药剂，等等。这样有利于调节和协调内心世界。

如果你已经对炼金术产生了兴趣，正跃跃欲试，那么一定要做好在这条路上经历挫折甚至遭受灾难的准备。就像我们警告过的那样，炼金术是非常复杂的一门学问，洋洋得意者，急于求成者，粗心大意者都将受到惩罚。而那些谨慎前行的人，却能得到无与伦比的回报。如果你能谨遵炼金术的格言"祈祷，阅读，阅读，阅读，再阅读，然后投入工作！"——世界的荣光将属于你。

THE
BEAUTY
● F
SCIENCE
科学之美

附 录
APPENDICES

炼金术基础
BASIC METALLURGY

从公元前 6000 年开始直到 13 世纪末，冶金学只认识 7 种古老的金属：金、银、铜、铁、锡、铅和汞。

熔点为 1064℃ 的黄金具有高度可锻性，很容易加工。在可开采的矿床中可以找到天然黄金。一旦这些矿床被风化冲蚀之后，布满砂砾的河床中就会出现珍贵的块金。早期的黄金制品往往含有白银"杂质"，古人把金银合金称作"琥珀金"。利用置换沉淀法可以把黄金从白银中分离出来——把金银合金和食盐拌合在一起，银就能形成一种可溶性氯化物，可以冲洗掉。硝酸也用于分离金银，因为只有它才能溶解白银。

熔点为 962℃ 的白银在延展性和可塑性方面仅次于黄金，因此也像黄金一样易于加工。天然白银非常少，只是偶尔能碰到。暴露在硫或空气中的硫化氢时，白银会变得颜色灰暗。铅矿石中常常含有一些白银。把铅矿石烧成灰，形成氧化铅，就会剩下一个小小的银珠子。如果使用一个由骨粉制成的坩埚的话，它就能吸收氧化铅。这道被称为"灰吹法"的工序是几千年来生产白银的主要方式。

铜的熔点是 1083℃，具有可塑性，较易延展，早在公元前 6000 年左右，它就首先被广泛用于制作武器和工具。最初，人们像加工石料一样加工铜，但是如果反复锤打的话，它会变脆。这可以通过退火得到改善，先加热足够长的时间，让铜发红，紧接着慢慢冷却。最早的铸铜制品出现在大约公元前 4000 年。早期熔炼工用的铜矿石是孔雀石。当时可能的情况是将孔雀石放入温度为 1100℃~1200℃ 的瓷窑中，形成颗粒状的铜。这也许是冶炼技术的最初灵感。

铁的熔点是 1538℃，它是地球上最常见的金属，但天然状态的铁很难见到。它以流星的形式为古人所识，最初就像石头一样为人类所用。冶炼的铁也许早在公元前 2500 年就已经出现了，但是直到 1000 多年以后才为人类广泛使用。可以用炭把铁矿石还原为铁，但是只有在超过 1100℃ 的高温中冶炼出来的铁才能进行锻造。早期的铸铁混杂了废渣的海绵状物体，需要加热并煅烧以去除废渣，然后才能加以锻造。

铅的熔点为 327℃，极易延展和锻造，不易受到腐蚀。自然界没有天然铅，但是它的硫化物矿石看起来很有金属感。硫化铅很容易熔炼出纯铅，通过篝火就可以做到，熔铅会聚集在锅底。冶金过程中的一个关键步骤就是在还原矿石时必须有一个转换为液体的过程，让金属成为流体并从固态的废料或矿渣中分离出来。

锡的熔点是 232℃，自然界中不存在天然锡。它具有可锻性，易延展，且具有相当高的耐腐蚀性。锡制品的使用可以追溯到公元前 2000 年，可以用碳还原法进行冶炼。最初锡被认为是铅的一种。早期的炼铜工人发现，把不同的矿石混合在一起能产生一种易流动的更为坚固的金属——青铜。锡的晶体结构使它在形状发生改变时能发出清脆的声响。

汞的熔点为零下 39℃，是唯一在室温下呈液态的金属。用皮革挤压是一种早期的汞提纯技术。汞具有很高的毒性，这一点人们很早就知道。可以用蒸馏法从诸如朱砂（汞的硫化物）之类的矿石中可提炼汞，因为汞化合物在中等温度就能分解和挥发。汞能溶解金银，这个被称为汞齐化法的工序经常被用于把金银从杂质中分离出来。

另外的四种金属发现于中世纪。通过把氧化砷置于两倍于它的重量的肥皂中加热，艾尔伯图斯·麦格努斯（Albertus Magnus，1200–1280 年）发现了砷。在铁坩埚内烘烤辉锑矿或硫化锑的时候发现了锑，而铋是在 16 世纪时用炭还原铋的氧化物时发现的。在中国，大约 1400 年左右，锌便为人们所知。它也是用炭还原它的氧化物得来的。18 世纪末，锌第一次被添加到液态铜中用来制造黄铜。在新大陆，前哥伦布时期的美洲土著人已经使用着铂，而欧洲人直到 16 世纪才知道铂的存在。

陶器和玻璃
CERAMICS AND GLASS

黏土是一种有可塑性的物质，由诸如长石之类的矿物质风化成为细小的颗粒状的水合硅酸盐与水和其他成分混合而成。公元前10000年以前，人们就发现黏土被加热到高温后能变得坚硬结实，这个发现成了人类历史的转折点。在温度处于800℃和1200℃之间的窑炉中烧制出来的黏土能保持轻度的渗透性，被称为瓦器。更高温度的煅烧能使黏土部分玻璃化，形成石陶器。瓷器是把白黏土坯体烧到玻璃化，变得半透明而制成的。示温熔锥吸收不同程度的热量时表现为不同的熔化程度，因此经常用来测量焙烧循环。另外，指数型恒温器也很常用。除此之外，也可以通过发热的陶瓷制品颜色来判断窑炉的温度（根据下表还可以估计金属的温度）。

从最低程度的可见红色到暗红色470℃~650℃

暗红到樱桃红	650℃~750℃
樱桃红到亮樱桃红	750℃~800℃
亮樱桃红到橙色	800℃~900℃
橙色到黄色	900℃~1100℃
黄色到鹅黄色	1100℃~1300℃

黏土制品可以用简单工具手工制作，既可以通过转动陶轮，也可以通过把黏土和水的混合物倒入模子而制成。黏土一旦成形就得先晾干，晾干以后被称为陶坯，很脆。它可以不上釉初次焙烧，然后上釉再烧，也可以在上过或未上干釉的条件下一次烧成。

焙烧以后，釉会熔化并形成坚硬的玻璃般的一层表面。上釉烧过的陶制容器就能装各种液体了。釉由磨得很细的成分调配而成，它可以直接撒在土坯上，还可以加水混合画在或倒在土坯上，或直接把土坯浸到釉中。釉是一种特别的玻璃，加入了硅石、矾土来增强熔化后的黏性，并加入熔剂来降低熔点。铅釉使用铅氧化物作为熔剂。纯碱、碳酸钾或其他的碱性熔剂被用来制作碱釉，冷却后经常形成细裂纹构成的裂纹图案。不透明剂，例如锡氧化物，也经常为人们所用。可以把着色剂和釉混合在一起在上釉前画在黏土坯体上，还可以画在釉面上（面釉）。例如：淡黄色或棕色的铁氧化物，绿色和青绿色的铜氧化物，蓝色的钴氧化物以及淡紫色、紫色和褐色的二氧化锰。

玻璃是一种坚硬耐磨，化学性不活泼，也不具生物活性的透明物质。它主要由地球上大量存在的矿物二氧化硅制成。正常固体有规则的分子结构，然而，如果迅速冷却的话，很多物质都会形成非晶体结构——即普通意义上的玻璃。二氧化硅是以常态冷却速率形成玻璃的少数物质之一。纯二氧化硅的熔点为1723℃。要把它的熔点降低到大约1000℃，可以添加纯碱或碳酸钾，并且可以添加石灰来抵消纯碱或碳酸钾在玻璃中形成的可溶性。然后把该混合物在窑炉中加热到大约1100℃的温度熔化。有时候还使用其他配料，如加铅可以增加光泽，加硼能提高玻璃的热学性能，这对于实验室器具非常有用。

玻璃中通常有含铁杂质造成的绿色，不过利用不同金属可以制造出丰富的颜色。加入少量黄金能制成宝石红玻璃。银化合物能在玻璃中产生从橙红色到黄色等一些颜色。加入更多的铁能形成更浓重的绿色。铜氧化物呈现出绿松石的颜色，而金属铜则呈现出一种深沉的暗红色。用钴可以制造蓝色玻璃，添加锰则可以得到紫水晶的颜色。锡氧化物和锑以及氧化砷一起能制造出不透明的白玻璃。

　　大约公元前 2500 年，人们首次制造出玻璃。古代埃及人把加热后的玻璃丝不断地缠绕在一个装满沙子的袋子上，以此来制造小罐子和瓶子。吹制玻璃的方法最早出现在公元前 1000 年，这让防漏器皿的快速大规模生产成为可能。吹制玻璃需要三个熔炉——第一个用来熔化玻璃，第二个用来对正在加工的器皿进行再加热，第三个用于退火，即逐渐冷却玻璃，以免玻璃表面出现裂缝，并减少压力。除吹风管外，用于玻璃吹制的工具还包括成形板坯、一根钢条、平桨、小钳，以及各种各样的剪子。符合炼金术实验室标准的精细玻璃器皿可以由加热、巧妙处理，以及加入预制好的棍状物或管状物而制成，而简单器皿的吹制使用酒精灯，现在则使用丙烷和氧气的火焰。

绘画颜料
ARTISTS' PIGMENTS

颜料必须难溶并且耐晒。使用前，在玻璃表面上用玻璃磨杵加水仔细研磨成糊状（如果原料本身颗粒较粗，可以先用杵在岩钵中捣碎）。如果是油画颜料，则不能加水，而要加入油。

把黄金锤打得非常薄，做成金叶，可以贴到大多数物体表面。还可以把金叶磨细，和阿拉伯树胶或白明胶掺合在一起制成一种叫作贝壳金的颜料。像黄金一样，白银也可以做成银叶或掺到颜料中，但是暴露在空气中久了颜色会变暗。

铜矿石中绿色的孔雀石和蓝色的蓝铜矿能做成很好的颜料，不过它们磨得越细颜色越淡。把蓝矾（硫酸铜）和纯碱的浓溶液倒在一起，能沉淀出人造孔雀石。铜绿即醋酸铜，可溶于水或酒精以备用，它还溶于树脂，不过，如果不上一道清漆，在空气中它会变成棕色。如果将铜条悬浮在一个底部装着醋的陶瓷瓶中，放在温暖之处，铜条外面就会长出一层铜绿外壳。埃及蓝是人类已知的最早的人造颜料，它实际上是硅酸铜。按重量把 10 份净重的石灰岩（白垩）、11 份孔雀石和 24 份石英混合在一起。全部磨细并且搅拌均匀，再添加纯碱或碳酸钾作为熔剂，加热到大约 900 ℃，然后维持在 800 ℃至少 10 个小时。最后冷却并磨细用作颜料。

铁：赭石红，赭石黄，富铁黄土和棕土都是氧化铁，富铁黄土和棕土经过焙烧处理后的样子，人们都非常熟悉。天然绿土颜料含有硅酸铁。人造氧化铁也是用途广泛的颜料，颜色从黄色、红色到棕色不等。

含有汞的红色矿石朱砂或硫化汞，也能制成很好的颜料。把熔化的硫和汞混合在一起化成黑硫化汞后，可用来制作朱红色的人造朱砂。在适当的密封陶制容器中加热后，黑硫化汞能够变成红硫化汞，这两种物质在化学结构上完全一样，只是颜色变了。不要在家里做这个实验，因为汞具有很大的毒性。

铅颜料有毒。红铅就是氧化铅，呈明亮的红橙色，把铅置于空气中长时间高温熔烧制作而成。白铅矿就是碳酸铅。把铅条置于装有一点葡萄酒醋的瓦罐中，然后置于温暖之处浸渍。几个月过后铅条上应该形成了一层铅白。

锡：铅锡黄（锡酸铅）的颜色从淡柠檬黄到更靠近粉红的颜色不等，现在用得很少了。把3份红铅和1份氧化锡完全混合在一起。并用细筛将该混合物筛过以便把它混合均匀。逐渐加热到600℃，维持这个温度2小时。继续加热，维持在800℃一个小时后慢慢冷却。

钴是大青，一种蓝玻璃粉中的主要成分。把石英，碳酸钾熔剂和足够的钴氧化物放到一起加热，生成不透明的蓝色玻璃再达到 1150 ℃时熔化。趁热拿出来并投入冷水中，使之破碎，然后磨成颜料。1802 年发现的钴蓝其实是铝酸钴。把 1 份氯化钴和 5 份氯化铝磨碎，然后在试管中用强煤气焰加热 5 分钟。

那不勒斯黄中含有锑，它是一种人造锑酸铅，可以追溯到古埃及时期，用一种锑化合物焙解一种铅化合物而成。

群青来自青金石。把磨得很细的青金石和亚麻子油搅拌在一起，用同样多的巴西棕榈蜡，松脂和松香制成糊状，再添加 1/16 份亚麻子油，

1/4 份松节油和同样多的乳香脂。把 4 份这样制作出来的糊状物和 1 份青金石搅拌到一起，浸渍 1 个月。在温水中揉捏该混合物，直到其中的蓝色颗粒分离出来并且沉淀为止。群青就是用这种方法在 1828 年合成的。

有机着色剂由生物材料制成，例如茜草染料（红）、生鼠李黄（黄）、熟鼠李黄（绿）和胭脂虫（麦芽色）。把捣烂磨碎的原料放在碳酸钾的饱和溶液中，直到再无颜色渗出为止。每品脱有色的氢氧化钾溶液加入 6 匙明矾和半品脱（1 品脱 ≈ 0.57 升）温水，将配好的明矾溶液倒入原料中，以沉淀为颜料。难溶的靛青粉末能够用作颜料，玛雅人就通过加热靛青和绿坡缕石土制成了精美的人造蓝。加热到 200 ℃，维持 5 小时就可以了。

骨炭黑：把动物骨（鸡骨最佳）煮到脱脂，然后把它紧紧地包裹在铝箔中，在强煤气火焰上加热 1 小时之久。冷却后打开，然后磨碎备作颜料。

烟墨是把一块金属面置于灯焰上收集到的炭末。尽管不适合于画画，却是制作墨水的优质原料。

颜料介质
ARTISTS' MEDIA

油漆就是颜料和黏合剂的混合物。阿拉伯树胶是一种常用的水性黏合剂，用于制作水彩，或者添加一种诸如白垩的不透明剂，制作水粉颜料。把阿拉伯树胶磨成很细的粉末，添加2倍于它的体积的热水，再搅动使其充分溶化。要降低脆度的话可以添加少量冰糖。把1份阿拉伯树胶溶液和2份颜料膏加水混合在一起（这里的份数按体积算）。

蛋彩画是一种经久不衰的艺术形式。轻轻地将蛋清和蛋黄分离开来，然后将蛋黄在手掌上滚来滚去，让它变干。拿着卵黄膜把液体向下挤到一个容器中。将蛋黄和等份的水或白葡萄酒醋混合，用于制作颜料膏。用蛋清制作的颜料结合剂能在羊皮纸上画出理想的光线效果。不停地拍打蛋清，直到泡沫变干，容器底部的液体就是颜料结合剂。

在颜料表面涂上一层胶，能够对颜料起到保护作用，并且便于涂抹第二层颜料。兔皮胶是一种特别的动物胶，它是一种极好的胶料，可以直接和水性颜料膏调配在一起制成速干颜料。把1份兔皮胶浸在18份水中，泡到膨胀为止，然后在1个套锅内用文火加热（不要煮沸），煮溶为止。从牛奶中提取的酪蛋白可用作一种速干的硬绘画颜料。将2份酪蛋白粉末筛入8份水中，搅匀。加入1份碳酸铵，半小时后再加入8份水。淀粉是另一种胶料：把1份淀粉放进3锅冷水中搅拌成糊状，然后再加入3锅沸水，继续慢慢搅拌。溶液开始变清时去火。用的时候再加水稀释。用在水中加热鱼皮或鱼骨的方式提取出来的鱼胶是一种用在羊皮纸上的很好的胶质。

油画颜料制作非常容易。把颜料碾碎，加入亚麻子油，核桃油或罂粟子油，就可以使用了。如果该颜料已经磨得很细，你只需用一把调色刀就可以用它们绘画了。油画颜料不会干但是经过化学反应会变硬，让油画家有时间修改他们的绘画作品。赭石能加快油变干的过程，而炭黑则能减慢这个过程。油画技能的高低取决于对于诸多可利用的胶质和溶剂用法的掌握程度。以下配方仅作示范。在使用易挥发的或易燃材料的时候要极度小心。

清漆能够保护油画。即使不需要光滑的效果，也最好在油画完全干后刷一层清漆，然后在表面上一层蜡。釉与清漆非常类似，都可用在薄彩画中。通过釉的使用，可以在画布上蒙上一层淡淡的色彩的同时，还起到加固颜料的作用。传统原则是"肥盖瘦法则"，即自下往上，颜料越来越少，油和胶质越来越多。硬树胶树脂呈浅黄色块状。把相同等份的树脂放在纯树胶松节油中（此后只称"松节油"），每天搅动直到树脂溶化，这样就能制成一种很好的能起到釉的作用的清漆。把乳香脂和两倍于它体积的松节油混合在一起并加热，也可以制成很好的清漆。一种稀薄的高亮度的上光漆，可以把1锅威尼斯松节油或加拿大香脂和2锅松节油搅和在一起制得。可以把3份威尼斯松节油和1份穗熏衣草油混合在一起加热制成一种气味芳香的用于给木料上胶和隔离的清漆。琥珀清漆很坚硬，并且用途很多，可以用作油画的颜料介质，最后一道清漆，或在稀释后作为固定剂。如今人们用柯巴脂作为替代品来制作清漆：把1份柯巴脂磨成粉末状，放入装有 4 份苯的瓶子中直到几乎全部溶解，然后再与 3 份松节油混合，文火加热直至完全溶解。如果不密封加热后的溶液，苯就会蒸发，剩下柯巴脂和松节油清漆。要制作一种很好的用于降低上过清漆的油画的表面光泽的蜡涂饰剂，可以用 1 锅蜂蜡对 3 锅松节油。用来把颜料固定在适当位置的固定剂对于保存用炭、白垩和蜡笔所作的画是必需的。用 1 份虫胶对 50 份甲醇，使用时把画铺在地板上，再把固定剂的蒸汽从画面上吹过，给画面上覆盖上一层均匀的涂层即可。

蜡画法用蜂蜡作为颜料介质。把 1 份蜂蜡和 3 份松节油放在一起小心加热，直到蜂蜡熔化为止，然后边冷却边搅拌。在用画笔或调色刀作画之前，把磨碎的颜料跟蜂蜡彻底搅和在一起。另一个方法是使用同样分量的榄香树脂、蜂蜡、穗薰衣草油和松节油。壁画是直接在石灰涂层上作画的专门画法，把防石灰渗透的颜料和水拌成糊状直接画在新鲜灰泥上即可。

炼金化学
ALCHEMICAL CHEMISTRY

矿物酸是化学反应产生的无机酸。下列三种酸性物质都是由贾比尔·伊本·哈杨（Jabir Ibn Hayyan, 721-815 年）发现的，王水也是一样。千万不要把水倒进酸中，因为发生的反应能够产生相当多的热量，甚至会因沸腾而四处飞溅，非常危险，因此，一定要小心翼翼地把酸加到水里。

矾油更为人们所熟悉的名字是硫酸。最初它由干馏绿矾（含水硫酸铁）或蓝矾（含水硫酸铜）制成。绿矾和蓝矾遇热就会分解为氧化物，释放出水分和三氧化硫，这些物质继而结合在一起形成一种稀释溶液——硫酸。

炼金术士约翰·克劳伯（Johannt Glauber, 1604-1668 年）用在蒸汽中灼烧硫和硝石的方法来制作硫酸。在这种情况下，硝石会分解，把硫氧化为三氧化硫，后者与水结合而形成硫酸。后来有人对这道工序作了改进，在空气中加热黄铁矿，形成无水硫酸铁。加热到 480 ℃，无水硫酸铁会分解成氧化铁和三氧化硫气体。这种气体通过水，就会形成任何浓度的硫酸。图解显示了气体溶解在水中时防止水倒吸上来的两种方法。

原本被称为强水或硝石之魂的硝酸，最早由硝石和明矾蒸馏绿矾（硫酸铁）而成。以下为克劳伯用过的方法：大概相同重量的浓硫酸和硝石被置于同一蒸馏罐中。

加热该蒸馏罐，出现棕红色的烟，这些烟在一个冷却接收器中凝结为棕色的液体。通过蒸馏法更进一步地提纯，能够减少杂质造成的颜色，制成雾气腾腾的浓硝酸。

被称为盐之灵魂的盐酸是由食盐和矾油（硫酸）发生化学反应产生的硫酸钠和危险的酸性氯化氢气体制成的。如果该矾油浓度很高，生成的气体可以从水中通过，制成盐酸溶液。如果硫酸很稀，产生的气体会与容器中的水一起形成含水

盐酸。要制造盐酸，就要使用大量的盐，合成的溶液进行蒸馏，形成含水盐酸，同时也许会首先蒸掉一些氯化氢气体，剩下混合在一起的食盐和硫酸钠。如果使用过量硫酸，溶液一旦蒸馏完，剩下的将是硫酸钠晶体。

硝酸和盐酸的混合物，俗称王水，是少数能溶解金和铂的试剂之一。将两种浓酸按 1：3 的体积比例混合在一起效果最好。不同比例的王水有不同的效果，因此每次使用时都要重新配制。

碱金属这个单词起源于阿拉伯语中的 al-qali（意为灰烬），是诸如钠、钾和钙等金属的盐，这些盐与水一起构成了苦味的、腐蚀性的、很滑的溶液。碱金属是碱的一个子分类。

石灰或生石灰都是把石灰岩焙烧到大约 900 ℃而形成的氧化钙（白垩是一种柔软的，多孔的石灰岩的形式）。古人早就用焙烧石灰岩的方式来生产石灰浆了。消石灰是与水沸化后形成的碱性物质氢氧化钙，这个过程能产生大量热量。细消石灰在水中冷却后的悬浮液被称为石灰乳，遇酸会产生剧烈反应，能腐蚀多种金属。如果消石灰被加热到 580 ℃以上，它就会分解为石灰质和水。石灰浆就是水中的纯消石灰。干燥以后它的方解石晶体能产生一种特别的表面光泽。石灰砂浆由添加了其他的诸如胶水、盐、米粉，或糖浆等添加剂的消石灰和白垩组成。

顾名思义，草木灰就是草灰或木灰。将草木灰与水按相等体积混合在一起。并时常搅动，以免形成沉积。可溶解的碳酸钾将从其他不溶物质中滤出，然后该溶液须经过过滤和蒸发，剩下含杂质的碳酸钾。通过焙解可以将它进一步提纯，之后可以将盐溶解，过滤，并且再次蒸发。根据需要可以重复以上步骤很多次。像草木灰一样，碱灰也是植物的灰烬。钾猪毛菜或诸如巨藻一样

的海藻都有很高的钠含量，都能用来制作碱灰，但碱灰中很可能也含有碳酸钾。用吕布兰法，从我们生产盐酸的方法的终点开始，可以制造纯度更高的碱。取一些硫酸钠，与石灰石、木炭一起加热熔化，形成一种黑灰。由冷却后的黑灰中析出纯碱，该反应的副产品都不溶于水。纯碱还可以自然生成，尤其在季节性湖泊蒸发之处。矿物泡碱就是一个这样的例子。矿物泡碱是一种自然生成的纯碱和碳酸氢钠的混合物，可以在下埃及的湖泊边缘找到。制作木乃伊就要用到泡碱。

碱液有时候也指的是纯碱或碳酸钾的溶液。有时候也指烧碱（氢氧化钠）溶液和氢氧化钾溶液，这两种溶液可以通过把纯碱或碳酸钾与石灰乳混合在一起而制成。混合后能生成氢氧化钠溶液或氢氧化钾溶液，以及碳酸钙沉淀物。中世纪一种制作氢氧化钠晶体的方法需要把 1 份消石灰和 1 份纯碱放入 7 份水中，煮到体积减半后，过滤沉淀，把上层的清液倒出来，如此 10 次，然后脱水。

试纸是用来测定酸碱性的。用红甘蓝可以制作简单的试纸。把红甘蓝切碎，放入水中文火慢煮，直到变成酱紫色为止。待水冷却后将其滴到无酸吸附纸上，然后在低温中将纸焙干。试纸制成后，遇酸会变成粉红色，遇碱则变成蓝色或绿色。由诸如红粉衣之类的苔藓制成的石蕊试纸遇酸变红，遇碱则变蓝。20 世纪的工业生产方法要把苔藓与碳酸钾、尿和石灰一起发酵。更简单的方法就是把地衣煮沸，提取其中的感色物质。蓝色石蕊试纸的制作方法是把白纸在石蕊混合物中浸泡。制作红色石蕊试纸也一样，但是首先要滴几滴酸性液体在上面让它变红。

硝石，又名硝，自然生长在世界上一些地方的岩石上，所以被叫作"岩石之盐"。要将硝从岩石中分离出来，只需将其溶解，过滤并结晶即可。还可以把反刍动物的粪便、腐烂的植物、矿物垃圾、高纯度石灰，以及草木灰混杂在一起放在圆锥形稻草堆中。每周用反刍动物的陈尿浇灌。"酿熟"后先把草堆晾一段时间，硝就会像霜一样凝结在草堆的表面，可以把它收集起来溶解，过滤，然后脱水，得到生硝。如果在溶解过程中加入草木灰，其中的杂质钙和镁就会发生反应，形成更多的硝和沉淀的碳酸盐，碳酸盐可以过滤

出去。加少许胶能让溶液更加清澈，因为胶能够与杂质一起形成浮渣，可以从溶液中撇掉。把硝放在沸水中溶解，就能将它进一步净化。硝比普通杂质更易溶解，因此溶液中几乎全是硝，难溶杂质仍然是固体。溶液一旦变得澄清，这些杂质很容易就能滤出来，脱水以后就能得到表面绚丽的针状硝晶体。智利硝石因南美洲一个巨大的天然硝石矿床而得名。

天然氯化铵在火山排烟孔附近的火山岩上形成。在坐落于古埃及和利比亚边境上的一个叫锡瓦（Siwa）的地方的太阳神庙中，有人焚烧骆驼粪，并收集烟凝结后形成的白色残留物，这就是氯化铵。贾比尔配制的氨水（旧称，spiritus salis urinae）就是把尿和食盐混合物加热而得到的氯化铵。只要含氮的有机物被分解蒸馏，都会形成或多或少的氨，一些常见的来源有腐臭的尿、人的毛发、牛或鹿的角和蹄，因此氨被认为是鹿角中的盐，或鹿角中的精华。资料显示人们混淆了一些概念，例如人们把牛或鹿的角或蹄分解蒸馏后形成的白色结晶质也叫作氯化铵，尽管经过化学分析它其实是碳酸铵。氯化铵分解后形成氨和盐酸，两者对金属都有剧烈的腐蚀作用。铵盐加热后释放出氨。氨溶于水后形成氢氧化铵，一种类似于碱性溶液的强碱。

人们发现磷的时间要晚得多，但是这里值得一提，据最早的记载，它是由布兰特（Hennig Brandt）在 1669 年制成的。他把尿脱水后的残余物（一个正常人排出的每一升尿中，含量少于 1.5 克）和木炭粉一起加热，并让蒸汽凝结到一个蜡块中，经过这样处理的蜡块就能在黑暗中发出荧光。莱布尼茨（Leibriz）进行了更详细的说明：把尿煮成黏稠的浆状。继续加热，直到一种红色的油从中蒸发出来，把它提取出来。将残留物冷却，并把它磨碎。将红油重新混合到磨碎后的物质中，并用烈火加热 16 小时。一开始会冒白烟，然后出来一种油，再后来就是磷。可以把磷导入到冷水中使其凝固。

有用的配方
USEFUL RECIPES

木炭是在隔绝氧气的情况下用木材烧制而成，还可以用骨头制作木炭。木炭烧起来比木头热量更多，更加清洁，因此在冶炼和锻造行业非常有用。木炭中大部分是碳，从史前时期人类就开始制造木炭了。把木块堆成锥形，底部留一个空隙，和一个允许空气有限流动的中心井，顶部盖以草皮或湿黏土，从中心井底部开始点火。只要做个小实验就会发现，任何装着干燥木头的合适的密闭容器放在温度够高的火中都能制造出木炭。记住仅留一道小口释放空气，不要让空气自由流动，否则木头将被烧成灰。藤本植物或柳树的小枝做成的木炭在绘画中运用较为广泛。要制造少量木炭的话，可以参考第047页"炼金术基础"制造骨炭黑的说明，只不过这里用小枝条，而不是骨头。

火药或黑色火药是硝石、硫和炭的混合物。早期的中国人使用同等重量的硝石、硫和炭制作快速燃烧却不会爆炸的粉末。由15份硝石、2份硫和3份木炭构成的配方能让反应最为猛烈。在各成分还潮湿时将它们混合在一起，压成一个干后可敲碎的致密结块。要得到更好的爆炸效果的话，可以使用精制硝石。添加金属盐可以给爆炸呈现颜色，例如钠盐可以使爆炸呈黄色或橙色，钾盐使之呈紫色，锶盐呈红色。这些就是焰火的基本原理。

把兽皮、兽筋和兽蹄放在水中用文火炖到融化成黏稠的可以滤出来的胶状物，这就是动物胶。注意不要加热太快，否则混合物会烧焦。可以把胶晾干储存备用。用的时候可以加入等体积的热水对匀。这种制胶的方法已经被人类使用了几千年。把它用在木器上效果特别好——皮胶黏合剂可以修补，并且可以去除。在使用时，把皮胶放在一个套锅内加热保持液态。

兽皮经过鞣制后就成了皮革，变得很有柔韧性，即使弄湿之后再晾干依然柔顺。首先，在皮的内面刮掉所有的油脂和瘦肉，然后在毛面擦上草木灰或石灰的浓溶液，放几天，直到毛开始松

动。用快刀将毛刮净。按惯例，下一个步骤就是软化，这是一个委婉的说法，其实就是把食肉动物的粪便（通常是狗粪）擦到兽皮上，通过酶反应来破坏兽皮的弹性。一旦兽皮失去弹性，能够平铺在地上，就可以把粪便彻底洗净。接下来，把兽皮在从栎树皮中析出来的丹宁酸中浸3天时间。之后把兽皮摊开晾干，就完成了整个制作过程。还可以用动物的脑髓来鞣制兽皮，每只动物刚好有足够的脑髓来鞣制它自己的皮。先如上所述把兽皮洗净。把脑髓放在少量水中加热，用手挤压把脑髓搅拌均匀。当温度达到人手不能忍受的程度时，用手把脑髓擦在皮的内面和毛面。将它放上大约7小时，然后在水中浸泡一夜，再用一根木楔和一根圆棍把水压出来。这些工具有助于兽皮干后保持舒展和松弛。晾干后马上在火上用烟熏，这样能防止它受潮后再次变硬。

羊皮纸，有时候又叫牛皮纸，是一种用消石灰处理过的兽皮，烘干并拉伸出一个光滑表面，用于书写和绘画；一种12世纪的制作方法概括如下：把山羊皮在水中泡一天一夜，然后拿出来彻底洗净。准备一池子石灰乳，把山羊皮内面朝外叠起来放在里面浸泡一周（冬天2星期），每天搅动2到3次，之后拿出来脱毛；再准备一个石灰乳池，重新把山羊皮放入，每天搅拌，如此持续一周，然后拿出来彻底洗净；在清水中浸泡两天，然后拿出来用绳索绑在一个圆框上晾干，再用快刀把皮刮净，在阳光下晒两天；把内面弄湿并擦上浮石粉；两天后再做一次，趁着内面湿润用浮石粉将其抹平整；把绳索绑紧以便把皮面拉平；晾干后即可。

造纸不需要经过任何化学反应。植物纤维经过浸泡、蒸煮、搅打和切碎后成为纸浆。不过，用碱可以从纤维素中分离出木质素，从而制作出效果更优的化学纸浆。把植物的茎放在诸如消石灰之类的碱中加热，直到棕色的碱液中漂浮着白色纤维为止。滤出纸浆，泡在清水中。再滤一次，

再次泡在清水中。这样制作出来的纸浆可以用固定在木框上的金属丝网筛过，制成纸张。

铁瘿墨很耐晒，并能渗入书页中。栎树虫瘿是栎树被昆虫叮伤后形成的肿块。按重量配制 4 份栎树虫瘿、1 份绿矾（硫酸铁）、1 份阿拉伯树胶、30 份水。将栎树虫瘿磨得很碎，泡在一半重量的水中。在另一半水中溶解绿矾和阿拉伯树胶。最后把这两种液体混合在一起。放上一两个月，其间偶尔搅拌一下，溶液的黑颜色会加深。放入过量的铁盐，就会制作出边缘变成棕色的墨水，而放入太多栎树虫瘿则会制作出颜色较淡的黑墨水。用地中海乌贼及其他软体动物制成的墨水带有一种浓浓的茶色，并且经久不褪，不过不耐日晒。印度墨水，有时候也叫中国墨汁，是一种石墨悬浮在水中的胶状液体。把精磨的木炭粉添加到稀释的阿拉伯树胶溶液中就可以制成一种简单的墨汁。阿拉伯树胶还有固定悬浮液中的石墨的功效。要制作红墨水，只需要把石墨换成朱砂即可（见第 047 页"炼金术基础"）。

肥皂是由碱与动物或植物油脂发生皂化反应制成的。用氢氧化钾制成的肥皂是液体，而用氢氧化钠制成的肥皂则是固体。制作肥皂最常用的油脂有猪油、山羊板油、牛脂、橄榄油和棕榈油。使用固碱或氢氧化钾的冷法煮皂使得人们在家里也能按精确步骤制作肥皂。制作时可按如下重量配置：将 10 份固碱或 14 份氢氧化钾溶在 20 份热水中；备上 72 份牛脂或 73 份猪脂或 75 份橄榄油或 71 份棕榈油。如果脂油是固态，慢慢将其融化。最好在温度为 40℃左右时将两种液体调配在一起，温度太高，或液体温度不一致都是易犯的错误。先将脂油，再将氢氧化钠倒入一个合适的容器，并用力搅动。将两种液体充分搅拌，不要让它们分开。如果分开了必须重新搅动。一周后可以做一下测试，看是否产生了泡沫。用试纸测定碱是否过多。

将石膏粉和沙子混合在一起就是灰泥，它最早被用于古埃及。水泥砂浆由一份波特兰水泥、水和 3～6 份沙子构成，沙子的多少取决于需要多大的强度（沙子越少，强度越大）。再加点粗填料就成了混凝土。石灰浆由 1 份生石灰和 2 份细沙加水搅拌制成。生石灰在拌和料中熟化后，遇到空气就会硬化形成石灰石。

玻璃油灰可以用加足够的亚麻子油于白垩粉中做成糊状的方法制成，干后可以用砂纸磨平。

而石灰腻子是由消石灰和水调配而成，形成光滑的糨糊状。

人类已知的最早的电池来自巴格达，可以追溯到公元前 250 年。它由一个陶制外壳、一个柏油塞子、一根穿透塞子的铁棒和缠绕在其周围的铜圈组成。1800 年，但伏打（Alessandro Volta）把用浸泡在盐水（电解液）中的吸水纸隔离的一层层的铜和锌（电极）堆在一起，从而再次发明了电池。还可以把一个铁钉或镀锌的钉子和一根铜丝（注意不要让它们相互接触）作为电极放在一个装满醋或柠檬汁的小罐中，制成一个简单的电池。丹尼尔电池使用一个浸在硫酸锌溶液中的锌电极和位于下方的一个放在硫酸铜溶液中的铜电极。在同一个玻璃缸中两者用不同浓度的液体分开（见上图）。把锌和碳棒浸于硫酸中，可以制成另一种简单的电池。不过，会产生易爆的氢气，因此要小心了！最后，锌条会完全溶解。铅酸电池使用浸在硫酸中的铅和氧化铅电极（硫酸的浓度用水按 1：2 的重量比例冲淡）。铅和氧化铅与电解液起化学反应，生成硫酸铅和水，同时产生电流。只要让电流通过电池这种反应还能逆向进行，这就是为什么电池可以反复充电的原因。

染料需要固定在织物的纤维上以免洗掉。这经常要用到一种媒染剂，最常用的媒染剂是明矾，它经常给茶叶（玫瑰红）、甜菜根（金色）、红洋葱（橙色）、茜草（红色）、莲灰（淡紫色）及其他染料做媒染剂。把重量为织物 1/4 的明矾放在足够的水中。在温水中把织物弄湿，然后浸在媒染剂中加热一小时，并不时搅动。冷却一整夜。把染料放在水中煮半小时，然后加入足够的水浸泡织物。加热一小时或加热到织物的颜色变成你想要的颜色为止（漂洗并晾干后它将变深）。

冷却该织物，漂清并晾干。要得到更浓的颜色可以添加更多染料，而非更多媒染剂。靛青或菘蓝则不需要媒染剂。把尿收集到一个瓶子或缸中，不盖盖子（或稍微暴露在空气中）置于阳光下直到它发酵。一旦空气中弥漫着氨的刺鼻气味，就意味着准备就绪了。一升尿加一匙磨得很细的靛青，在太阳下放一天，溶液会变成浅绿色。用肥皂洗净织物或毛织品，彻底漂洗干净，然后放在该溶液中。浸泡 10 分钟后拿出来挤出多余的液体。在空气中织物或纱会变成蓝色。

熏香和香水
INCENSE AND PERFUME

最简单的熏香是焚烧木材、树脂和药草形成的芳香的烟雾。由于年代久远，其渊源已无法考证。但它可能最早出现在檀香木和沉香这类木材被用于篝火的时候。常见的可用熏香配料有：木材——沉香、雪松、桧柏、松木、檀香木和云杉；树脂——秘鲁香脂、苦配巴香脂、安息香、樟脑、柯巴脂、达马脂、龙血、乳香、波斯树脂、岩茨脂、乳香脂、没药、防风根、山达脂和安息香脂；草药——桂皮、肉桂皮、小豆蔻子、八角茴香、香草、百里香、香子兰和岩兰草。

要制作不易燃的散撒熏香只需把配料磨碎（如果是固态的话）并调配在一起。最好把类似的配料一起磨碎，再把它们拌在一起。如果一些配料是液体的话，拌和物会结成小团。点燃的纯木炭用于焚烧散撒熏香最为理想。自燃炭含有硝，强烈建议不要吸入自燃炭点燃的熏香气体。易燃熏香用炭化椰子壳制成。只需把熏香和炭化椰子壳粉拌在一起在温水中揉搓成圆锥体或卷在小棍子上。使用时在明火前烘一天一夜，然后扇灭火焰，只留下火星。使用一些配料能制作易燃熏香更为容易，例如檀香木就不错，而乳香则难以燃烧。通过试验才能发现最好的配方和拌料。首次配制熏香时，最好少使用几种配料，这样你才能了解到哪些香味跟其他香味很好地调配在一起。有人推荐如下配方：桂皮、丁香和檀香木；肉桂皮、乳香、檀香木和安息香脂；桧柏的小枝，香草和白鼠尾草；胡荽子、乳香、乳香脂和没药。

抹在身上的香水有着像熏香一样古老的历史。古埃及人把花瓣及其他芳香的材料浸泡在油膏和蜡中，制成香油膏或香蜡。你还可以把原料简单地泡在水中制成芳香洗液，例如用玫瑰制作玫瑰水。制作香水的原料可以通过许多途径获取。可以采用压榨法榨出柑橘皮中的香油。可以通过蒸汽蒸馏法获得精油，或炼金术中植物的硫。

吸香法对于获取那些难以捉摸的香味尤为有用，例如达到蒸馏的温度就会烟消云散的茉莉和晚香玉的香味。每天把花瓣放在无气味的脂油中，如此3个月之后，脂油也充满了香味。然后把它浸在酒精中加热以提取出其中的香味，再冷却过滤，把酒精蒸发掉，只剩下香味的醇。把用烃熔剂提取植物中的油和其他物质而得到的像蜡一样的固体或黏稠液体用酒精处理后也能产生醇。

大多数天然香都是从植物中获得的，包括花朵、叶片、根、种子、果实、木材、树皮、树脂和苔藓。除了来自植物的香味外，来源于动物的香味同样重要。来自亚洲香獐的麝香、香猫的香，来自北美海狸的海狸香以及传说中的龙涎香，一种形成于抹香鲸的肠道内，漂浮在大海上或冲到岸上的蜡样的微带灰色的物质，所有这些都得到了长期的应用，并且是很好的定香剂，给香料增加了一种神奇的浓郁并让香味更为持久。

近代香料制造业改进了香味构成的工艺。头香由香精中最易挥发并且感觉最为明显的部分构成，中香构成了香味的主要部分，而后香则是最持久的香味，并且经常能固定其他香味。以下的精油和精华都可加以利用。头香——香柠檬、酸橙、黑胡椒、血橙、杉木、芫荽、白松香、熏衣草、石灰、粉红葡萄柚以及蔷薇木。中香——南欧丹参、天竺葵、茉莉花醇、熏衣草醇、橙花油、橙花醇、玫瑰醇、苏合香、晚香玉醇以及衣兰雪松。后香——秋葵子、蜂蜡醇、安息香、古巴香蕉香脂、乳香、岩茨脂、栎树苔醇、广藿香、秘鲁香脂、檀香木、云杉醇、烟草醇、香子兰醇以及岩兰草。

按4∶3∶3的比例使用头香、中香和后香是调配天然香料的一个很好的配方。把它们在酒精中调配在一起就可以酿成，95%的谷物酒精或葡萄汁酒精最为理想（对于业余调配者来说，伏特加酒并不合适作为替代品）。开始时，应该遵循24滴后香、18滴中香、18滴头香以及15毫升酒精的配方原则。

粉末
BHASMAS

在印度炼金术中有一些制作名为"BHASMAS"（梵语，意为"粉末"）的金属药物的方法。该方法把金属和草木灰混合在一起制成化合物，直到完全看不出原金属为止。这种方法的目的是把有机物和无机物紧密结合在一起，这样，人的身体就能吸收它的疗效，而不会吸收它的毒性。锌（像锡一样对应于）很好加工，并且与姜黄一起制成药物之后，能很好地提高人体免疫力。制作方法：①将酸奶酪和水按1：2的比例在碗中拌匀。②在本生灯上把装在一个不锈钢匙里的几克纯锌熔化。③待纯锌刚刚熔化还没有变白时迅速倒入酸乳酪水。④滤出里面的小块金属并在水中洗净。重复步骤②到步骤④六次以上。金属将变得很脆。这样就完成了第一个步骤，即Shodajui（提纯）。⑤把锌放在一只大不锈钢匙里再次加热。⑥部分熔化后加入一些磨碎的姜黄。⑦完全拌匀（着火的话吹灭）。⑧当燃过后的物质开始变白之时加入更多的姜黄，并继续搅拌。⑨让金属和植物灰完全混合在一起。如果在此步骤结束以前，匙中的物质开始溢出，取出一些后继续进行。所有的锌都应该调匀，直到没有可见的颗粒剩下。⑩把混合物放到一个耐热的瓷罐中，加入体积大于该物质的磨碎的新鲜姜黄。⑪加入足够的蒸馏水或雨水，制成相当稀的糊状。锌内部的硫会呈现出微红色。以下是制作药粉的步骤：①将瓷罐放在热度很高的本生灯上，盖上盖子避免氧化。盖子不能太紧，以便于蒸汽溢出，而不会留存在瓷罐里。②混合物开始冒烟的时候，表面上开始出现一种红油。烧至少3小时后，药粉会变成暗灰色。③停止加热，冷却一会。④用瓷罐中的混合物等量的姜黄做成非常稀的糊状。⑤把该糊状物添加到瓷罐中的热药粉混合物中，加入更多的水搅动，制成很稀的糊状物。将步骤①到步骤⑤重复40次。火真是转化和提纯的好帮手。到所有过程结束之时药粉应该成了一种很细的灰烬，用手指一抹，连指纹都能填满。把灰烬照亮，在显微镜下观察，以确认原来的锌是否已经完全融合到粉末中，因为没有完全融合的金属颗粒会反光。一切就绪以后，可以每天用一小撮药粉冲水作为日常滋补品。

发酵
FERMENTATIOM

植物产生酒精的过程叫作发酵。从化学上来说，酒精来自酵母和植物中糖分的交互作用。大多数植物的上面部分都有大量的风媒酵母，这些酵母在适当的条件下会自然发酵。炼金术中最好的元素就是通过自然发酵制作而成。具体方法：①把新鲜药草切得很细。②把该药草浸泡在装有非金属容器中5倍于它体积的饮用水中。③盖上盖子，但不要盖得太紧。在16℃~28℃的温度下置于安全之处。④每天用木匙搅动两次，3天以后就会发酵。一旦开始发酵，发酵物会浮到表面上来，并且搅动时发出"嘶嘶"声。这是发酵过程中产生的二氧化碳气体所发出的声音。⑤如果发酵失败，可能是由于没有在溶液变质前（溶液散发出臭气就是变质的标志）加入一些用少许糖激活的酿酒酵母。为了确保成功发酵，也可以一开始就加入酵母和糖。⑥每天搅动两次酿造液，并且搅拌完后一定要马上盖上盖子（但是不要密封）。我们需要在酿造液的表面上形成一层浓厚的二氧化碳，因为这就证明酵母制造出大量的酒精，并且二氧化碳还能保护酿造液免受繁殖很快的喜酸细菌的侵蚀。如果溶液中形成了醋，你可以通过冷冻过滤的酿造液的方式来对其进行浓缩。由于醋的凝固点比水低，对溶液进行冷冻处理后就可以从冰块中把醋析出，然后再冷冻，再析出，直到得到一些非常浓的醋———种很有用的炼金术物质，尤其在矿物质加工中。一旦酿造液停止发出"嘶嘶"声，发酵过程就结束了，药草全部沉底。⑦发酵一停止，马上开始蒸馏（用文火）。蒸馏法能够分离植物中的硫和汞。⑧将馏出液中的水分维持在最低水平，同时确保所有的硫和汞都能馏出，时不时尝一下馏出液的味道。味道清淡则停止发酵。⑨如果你有酒精度表，可以测定馏出液中的酒精含量，如果一切控制良好的话，酒精度至少应该达到16%ABV（以体积分数表示的酒精浓度）。⑩如果酒精含量低，可以往里面添加纯乙醇（大约96%ABV或更高）。如果提取出来的"盐中之盐"（Sal Salis）和硫盐（Sal Sulphuris）被加到馏出液中，你就能获得炼金术的元素。这样的元素实际上像好酒一样，年代越久品质越高。

占星术时间
ASTROLOGICAL HOURS

做炼金准备时，正确选择某个行星日，有可能的话，正确选择某个适当的行星时来执行或开始每一个程序或步骤，这样做常常有助于加强对应行星的属性。传统的做法是把一天分为许多行星时，每个行星时按照不同的系统进行变化。这些行星时的顺序与"来自天堂的金属"篇中的七边形一致，沿逆时针方向前进。

太阳 ☉
土星 ち　　月亮 ☽
金星 ♀　　火星 ♂
木星 4　　水星 ☿

因此太阳☉时之后是金星♀时，然后后是水星☿时，月亮☽时，土星ち时，木星4时，火星♂时。按这个顺序不断重复。每日的第一个小时对应于该日所对应的行星：星期日的第一个时辰就是太阳时。至于一天什么时候开始，以及每个行星时应该是多长时间，不同的人群有不同的看法。根据凯尔特、卡巴拉和伊斯兰传统，一天开始于日落时分。因此星期日开始于"星期六"的傍晚。当然这个体系可以是固定的，也可以是灵活的。

在卡巴拉体系中，一天永远开始于下午6：00。而在一个弹性体系中，一天开始于日落时分，不管当时是几点。

其他的传统认为一天开始于日出时分。当然，这里同样有固定体系和弹性体系。在这些体系中，每小时60分钟。另外，白天和黑夜的时间可以被分为12个"小时"，"小时"的长度与一年的长度直接相关——白天的"小时"冬季短，夏季长。西方炼金术士广为采用的一个体系是使用7个相等时段，第一个时段始于半夜（下表），第二个时段正好对应于当天的行星。该体系的优点在于它是固定不变的，同时日出刚好发生在支配一整天的那个时段。

	星期日	星期一	星期二	星期三	星期四	星期五	星期六
0：00~3：26	♂	☿	4	♀	ち	☉	☽
3：26~6：52	☉	☽	♂	☿	4	♀	ち
6：52~10：18	♀	ち	☉	☽	♂	☿	4
10：18~13：44	☿	4	♀	ち	☉	☽	♂
13：44~17：10	☽	♂	☿	4	♀	ち	☉
17：10~20：36	ち	☉	☽	♂	☿	4	♀
20：36~0：00	4	♀	ち	☉	☽	♂	☿

炼金术符号
ALCHEMICAL SYMBOLS

三大要素
硫　　盐　　汞

四大元素
火　　气　　水　　土　　元素

行星与金属
月亮　水星　金星　太阳　火星　木星　土星
银　　汞　　铜　　金　　铁　　锡　　铅